パースの宇宙論

伊藤邦武

パースの宇宙論

伊藤邦武

岩波書店

目　次

プロローグ　ヴィジョンとしての多宇宙論

わたしたちの住むこの「美しい星」は、いつどのようにして生まれ、どのような過程を経て現在のような姿になったのだろうか。この地球がそこから生まれ出た広大無辺な宇宙そのものは、いつどのようなかたちで存在の海から誕生し、いかなる変貌の果てに、今日のような超銀河団の膜壁が泡をなす極大の大規模構造をもつようになったのだろうか。そして、これから先この宇宙は再びどのようなコースをたどって、いかなる未知の世界へと変貌していくのだろうか――。

このような問いを追究する宇宙論、コスモロジーの歴史は人類の歴史と同じくらい古い。しかしながら、この種の問いが科学的問いとして認められるようになったのは、つい最近のことであり、ほんの数十年来のことであるともいえる。「宇宙論」は神話、文学、そして哲学にとっては重要な主題であったが、科学としては正当な主題となりえなかった。しかしそれが二〇世紀に入って、主として相対性理論の成立と同時に、新たな科学のテーマとなり、今日では驚くほどの興隆を見ていることは、多くの科学啓蒙書が繰り返し述べているとおりである。

今日の科学的宇宙論の最大の特徴は、それが進化論的であるという点にある。すなわち、現代の標準的な宇宙論によれば、宇宙はその大局的構造において永遠に不変、無変化の存在者ではなく、始めがあり、発展があり、進化し、変態する巨大な構造であるとされている。現代では多くの科学者が、宇宙はビッグバンによって始まったことを前提にしているが、そのなかにはこの宇宙以前にも無数の宇宙の生成消滅があったと考える宇宙論者たちも少なくない。あるいは、この宇宙と並行する無数の多宇宙を想定する理論もある。われわれのこの宇宙は唯一の宇宙なのか、それとも無数の宇宙の無限の連鎖のなかの一コマに過ぎないのか——。ビッグバン宇宙論が今日の標準的なモデルであることは確かであるが、その最終的な姿はわれわれにはまだ完全には見えてはいないのが実情である。しかし、そこにいまだいくつかの根本的な謎が残されているとしても、宇宙が永遠に不変な姿で未来永劫に同じかたちで存続し続けるという、これまでの西洋の近代的自然観に根深く浸透し、日常的なレベルでもすべての人にとって疑いようもない常識以前の真理とも見えた「定常宇宙」の考えは、今日ではもはや決定的に否定されているといってよいであろう。

さて、このような進化論的宇宙の考えは、二〇世紀初頭の相対論的宇宙論とともに発達してきたわけであるが、哲学においてもそれに並行するようなかたちで、たとえばベルクソン、ホワイトヘッド、ティヤール・ド・シャルダンのような思想家によって、いくつかのモデルが提言されたのであった。そして、そうした進化論的宇宙論の一九世紀末から二〇世紀初頭にかけての先駆けとなり、しかもある意味ではベルクソンやホワイトヘッド以上に、われわれの目に現代的とも映る宇宙のヴィジョンを構想したのが、チャールズ・パースの数学的形而上学としての宇宙論であった。

パースの宇宙論は、一九世紀の科学の動向についての彼独自の解釈によって促され、相対性理論や量子論が形成される以前に、物理学の根本的な革命の必然性とその方向への予感に導かれて構成されるとともに、一方では論理学的反省と一種の形而上学的思弁、さらには宗教的思想によって動機づけられた、奇妙な理論的アマルガムともいうべきかたちで提出されたものであり、あくまでも一つのヴィジョンとして構想されたものである。それは今日のわれわれの目には純粋に哲学的な思弁の産物であるかのように映るが、パース自身はそれが将来の科学的検証の対象となりうるだけの、経験的な内容を伴った理論的モデルであると強く信じていた。

この理論が実際に科学的な吟味に耐えられるものであるのかどうか——この問いに現在の時点で確信をもって答えることは、かなり困難である。というのも、現在のわれわれの目から見れば、パースの理論はあまりにも抽象的で、極度に形而上学的である一方、現在の科学的宇宙論というものもけっして最終的に確定した、一つの体系的理論に結晶したものとはいいがたいからである。しかしながら、少なくともそのヴィジョンのなかに、われわれが今日の宇宙論におけるいくつかの論争にも関係するような、哲学的な問題を正面から論じた、貴重な理論的格闘というものをさまざまな側面で認めることができる、ということはいえるのではないか。あるいは、今日の科学的宇宙論が、ある意味で科学の総体を巻き込んだ巨人的な営みであるとすれば、パースの試みはそうした知的成果の建築術的な総体の記録というモニュメンタルな性格を体現したものとして、一定のモデルとなることは間違いないのではないか。

本書は、今日ではほとんど忘れられたパースの宇宙論の議論をもう一度読み返してみて、そこに展開されている思弁的な議論のディテールに光を当てたいと考える。それらの議論が今日の宇宙論におけるいくつかの論争や未決着の問題に、ひょっとすれば何らかの貴重なヒントを提供することがあるかもしれない——パースの忘れられた理論には、そうした可能性をうかがわせる鋭利な洞察の数々が埋もれていると思われるのである。

それでは、パースの宇宙論がどのようなものであったのかといえば、これを最初に一口で要約することはかなり困難である。というのも、彼の理論の第一の特徴は形式的体系性にあり、この形式を肉付けする概念的な用語も相当にこみいっていて、簡単な要約を受けつけないからである。

とはいえその非常に大雑把な輪郭は、とりあえずさしあたって、次の二つの文章を読んでみることで、その概要を摑むことができるであろう。これらは一八八六年の論文「一、二、三。カント的カテゴリー」と、九一年に『モニスト』に発表された論文「理論の建築物」からの一節である。

(一八三九年生まれのパースはこの頃五〇歳前後であり、二〇代以来長期間にわたって勤務してきた合衆国沿岸測量部を不本意なかたちで退職し、また短い期間勤めることができたジョンズ・ホプキンス大学の論理学講師の職も解雇されたために、再婚した妻ジュリエットとともにペンシルヴェニア州のミルフォードに隠棲して、それまでの論理学や科学方法論の研究から方向転換し、形而上学や宇宙論の思索に没頭するようになったのであった。次のテキストの第一のものは、そうした思索の最初の試みの一つに当たる断片であり、第二のものは、彼の宇宙論の代表的テキストと見なされ、以下で本書においてももっとも主要な文献として扱われることになる雑誌『モニスト』の連続論文の、第一篇からの文章である)。

われわれは自然のうちに、絶対的な偶然、遊び(sporting)、自発性、独創性、自由の要素が存在すると想定しなければならない。われわれはまた、こうした要素が過去の時代には、現在よりもずっと目立ったものであり、現在のような法則へのほとんど厳密な順応ということは、徐々にもたらされたものだということも、想定しなければならない。……したがって、宇宙がほとんど偶然だけの状態から、ほとんど完璧な法則による決定へとこのように進行したのであるとすると、われわれは事物のうちに、より確定的な性質をとろうとする原初的で要素的な傾向、習慣をもとうとする原初的で初歩的な傾向が存在すると想定しなければならない。これは、第一の、そして原初的な出来事を生み出す偶然と、出来事の継起、第二のものを生み出す法則とのあいだにあって、それらを媒介する、第三の要素である。この習慣形成の傾向は、それ自身徐々に進化したものでなければならない。……かくしてここには、合理的な物理的仮説が提示されたことになるが、この仮説はいっさいを説明するのであり、あるいは純粋な原初性そのもの以外の宇宙のうちなるいっさいの事柄を説明するのである。(1)

われわれは現代の数学の基本的概念や原理を見ることによって、この世紀がわれわれにもたらしてくれた知識の程度を表現することができるような形而上学というものの、材料となるべきものを知ることができる。それは最古と最近のいくつかの思弁と同じように、一つの「宇宙生成論的哲学(Cosmogonic Philosophy)」となるであろう。無限にはるかな太初の時点には、混沌とした非人格的な感情があり、そこでは連絡もなければ規則性もなかったがゆえに、現実存在というものもなかったと考えられる。この感情は、純粋な気紛れのなかで戯れているうちに、一般化の傾向というものの胚種を宿し、それには成長する力がそなわっていたのであろう。こうして、習慣化する傾向というものが始まり、そこから、他の進化の原理とともに宇宙のあらゆる規則性が進化することになったのであろう。とはいえ、いついかなるときにも、純粋な偶然というものは残存し、それは世界が絶対に完全で、合理的で、対称的な体系になるまで存続することであろう。精神もその無限に遠い未来において、最終的に結晶するのである

わたしはこの考えを細部にいたるまで考え抜いてきた。それはわれわれの知っている宇宙の主要な特徴——時間、空間、力、重力、電気、などの性質——を説明することができる。それはさらに、今後の新たな観察だけが検証にもたらすことのできる、ずっと多くの事柄を予言するであろう。願わくば、未来の若い研究者たちがこの大地を再び踏査して、その研究成果を世界に知らしめんことを。(2)

これら二つのテキストから明らかなように、パースの形而上学的宇宙論、あるいは「宇宙生成論的哲学」を構成する根本的要素は三つのものからできている。

まず、偶然、戯れ、自発性、独創性、混沌とした感情、気紛れなどの、無秩序の存在がある。これはカテゴリー論的には、「第一のもの(the First)」といわれるが、具体的なコンテキストでは「質」と呼ばれたり、絶対的偶然と呼ばれたりする、不定形な「何か」である。

この第一の「何か」は「無」から生じる何かである。無から「閃き(flash)」によって何かが現れ出ること、それが「進化論的論理」であり、「第一性の原理」であり、「自由の論理」である。この原理のもとで、単なる裸の可能性としての無が、何らかの性質や感情の第一性へと飛躍し、現出するのである。(3)

次に、法則によって生じる出来事の継起、つまり原因となる出来事と結果となる出来事の連鎖というものがある。これは秩序を作り出しているものであり、その典型的な例は物理的事象の「力学的な」変化、あるいは「機械論的な」変化という現象である。パースはこれを「第二のもの(the Second)」と呼んでいる。

無から生まれた性質は自発的飛躍によって現実のものとなるが、それはいつまた無へと戻っても不思議ではない。第一のものがもつ存在は確定的な現実性ではなく、あくまでも現実化可能という存在であり、したがって第一性は現実存在の原理には従っていない。性質や感情の現実性が確定的に認められるのは、それが原因と結果の二項的な関係のもとで特定できる場合のみであり、それゆえ事物のもつ現実性とはその第二性、いいかえれば強制的な秩序のもとにあること、を意味することになる。

そして、これら二つの根本的要素を「媒介する」ものとして、習慣化の「傾向」というものがある。自由で自発的な事物の戯れ、気紛れが、一つの法則的事象連関のうちに含まれることになるためには、自由な戯れの動きそのもののうちに法則化への種子のようなものが生まれ出てこなければならない。それが習慣を獲得しようとする「傾向」である。この傾向はそれ自身がその力を強化する、つまり進化する性質をもつとされる。この傾向が自然のうちに含まれる「第三のもの(the Third)」である。

習慣は精神がもつ特性であるばかりではなく、物質もまたもちうる性質であり、その確固たる形成の結晶が自然における物理的な因果性の連鎖、いいかえれば規則性、あるいは法則性にほかならない。それゆえ、精神と物質をめぐるパースの存在論は、この習慣の論理を軸にしてこれら二つの存在の種をどのように結び付けるかにかかっており、この問題が宇宙論においては、宇宙全体の生成から発展の過程のなかで問われることになる。

偶然、法則、そして習慣化の傾向——。いずれにしても、これらがさしあたってのパースの論理学、現象学、存在論において基本的なカテゴリーとして認められている根本的エレメントであり、彼の宇宙論はわれわれのこの現実の宇宙が、これらのエレメントのはたらきによって、現にあるとおりの宇宙になったという議論からなっている。周知のように、エンペドクレス以来の古代ギリシアの自然哲学では、自然界を構成する基本的な要素(エレメント)としての「四大」、すなわち地、水、気、火が認められていたが、この古代ギリシアの要素論が定常宇宙論の標準的な分析のスタイルを構成していたとすれば、パースの進化論的宇宙論では、いわば「三大」としての、偶然、因果的結合、習慣化が、世界のあらゆる局面において汎通的に作用しているということになる。

とはいえ、こうした三つの要素がはたらいて、現にある宇宙が成立したという議論だけであれば、われわれにとってこの宇宙論のもつ現代への関連性は、それほど大きいものではない、ということになるだろう。それはたしかに、宇宙の生成にかんする一つの基本的な思考のパターンを示してはいるかもしれないが、古代の自然哲学に先行する太古の神話的宇宙論に見られるような、かつての宇宙生成論にかわって、現代のわれわれに訴えてくる側面は必ずしも見えてこないであろう。この議論はこのままでは、宇宙の構造は秩序（コスモス）と無秩序（カオス）との相互作用によって生まれ、それを媒介したのは「成長する習慣形成の力」であった、という概念的なスケルトンにすぎないからである。

しかしながら、パースの宇宙論の内実は、ここでもっとも粗い素描として提示した、その根本的な骨組み以上に、複雑な内容をもっている。その複雑さのなかでもとりわけ今日のわれわれの目から見て興味ぶかく思えるのは、この宇宙論が、現実の宇宙を一つの例示として考えるような、潜在的な無数の宇宙からなる多宇宙論であるという点である。パースの哲学に見られるこのテーマは、本書が扱うテーマのなかでももっとも厳密な考察を必要とする部分であり、はじめからその特殊な議論の仕方を説明することは不可能であるが、ここでもまたとりあえず、一八九八年にハーヴァード大学のあるマサチューセッツ州ケンブリッジで行われた連続講演『推論と事物の論理』の、次のパッセージを多少とも長く引用しておくことで、そのニュアンスのようなものを押さえておくことができるであろう。

（以下のテキストに出てくる「連続性」とは、右の三つのカテゴリーからなるカテゴリー論を用いていえば、さまざまな恣意的性質や感情という第一のものが織り成す連続的なシステムということであり、第一のものがそこから閃き、飛躍して現出する世界という意味では、いわば潜在性の世界であり、「無」の世界なのであるが、そこから同時に第二性も第三性も生まれでてくるという意味では、いっさいの存在者の究極的な原理という面ももっている）。

時間の進行とともに不確定な未来が取り消し不可能な過去となる。スペンサーの言葉を使えば、未分化なものが自ずから分化されていく。同種的なものが異種的な装いを帯びるようになる。したがって、連続性についても、個々の特殊な場合はともかくも、全体的な規則としては、さまざまな連続性がより一般的な連続性、より高次の連続性から派生したのだと想定しなければならない。

この観点からすれば、現実に存在する宇宙はそのすべての恣意的な第二性を含めて、もろもろのイデアからなる世界、ひとつのプラトン的な世界からの派生物であり、それが恣意的に確定的になった所産であると見られなければならない。……

また、われわれの進化の理解が正しいのであれば、宇宙の論理の派生の過程は、時間と論理以前にまで延びており、完全に非決定的な、無次元の潜在性からなる曖昧さにおいて始まったのだと想定する他はない。

したがって、進化の過程とは、たんにこの現実存在する宇宙の進化のことではなく、プラトン的な形相そのものがこれまで発展し、これからさらに発展していく過程であることになる。

もちろん、現実存在を進化の一段階であると見なすことは自然である。しかし、この現実存在は、おそらくひとつの特殊な現実存在に過ぎないのではないか。われわれはすべての形相がその進化の過程で、この世界に出現してくると考える必要はない。ただ、イデアは何らかの作用・反作用の舞台には登場する必要があること、そして、この現実世界はその舞台のひとつに過ぎないのだと考えるべきである。……

われわれが現在経験する色、匂い、音、あるいはさまざまに記述される感情、愛、悲しみ、驚きは、すべて太古の昔に滅びたもろもろの質の連続体から遺された残骸であると考えざるをえない。

それはちょうど廃墟のそこかしこに遺された円柱が、かつてはそこにいにしえの広場があって、バシリカ聖堂や寺院が壮麗な全体をなしていたことを証言しているのと同じである。しかし、その広場が実際に建立される以前にも、その建築を計画した人の精神のうちには、ぼんやりとして不十全な現実存在があったことであろう。まさしくこれと同様に、わたしはあなた方に、存在の初期の段階には、現在のこの瞬間における現実の生と同じくらい実在的なものとして、感覚質の宇宙が存在したのだと考えてもらいたいと思う。この感覚質の宇宙は、それぞれの次元間の関係が明瞭になり、縮減したものになる以前の、もっとも初期の発展段階において、さらに曖昧な存在形態をもって実在していたのである。(4)

進化する宇宙、それは偶然の戯れから始まって、さまざまな法則に支配され、次々と高次の合理的体系へと進化し、最終的にはすべてが合理的で対称的なものへと結晶していく宇宙である。しかしながら、この現実の宇宙の進化は、無数にありうるプラトン的イデアの世界、質の連続体のなかの、恣意的な一つの現れが描き出す軌跡であって、その背後にはさまざまな異なった自然法則に支配され、異なった因果形式に従う別の宇宙の軌跡の束が控えている。そして、それぞれが異なった自然法則に支配されながらも、いずれも偶然の法則と習慣形成の傾向とによって一つの具体的な宇宙へと構成されている。「われわれが現在経験する色、匂い、……悲しみ、驚きは、すべて太古の昔に滅びたもろもろの質の連続体から遺された残骸であると考えざるをえない。それはちょうど廃墟のそこかしこに遺された円柱が、かつてはそこにいにしえの広場があって、バシリカ聖堂や寺院が壮麗な全体をなしていたことを証言しているのと同じである」――。

パースは、プラトン的質の連続体から発出しえたであろう可能宇宙の全体が、バシリカ聖堂などが建ち並ぶ壮麗な伽藍であり、われわれが目にしている「この宇宙」の進化は、その廃墟にたたずむ朽ちかけた一つの円柱に過ぎないのだ、と考える。このような、現実の自然現象のうちに世界生成の論理を見るだけでなく、その論理がより広大で、壮麗な論理の世界を背景にした「遺物」であるかのごとくに立ち現れているところに、パースの宇宙論の透視的な特徴、ヴィジョンとしての性格がある。そして、多宇宙論的で進化論的な宇宙の具体的なヴィジョンこそ、パースが生涯をかけた論理学と科学方法論への反省、さらにはいくつかの形而上学的思弁と、神秘的体験とを経て到達したところの、一九世紀末においては「早すぎた」宇宙の描像なのである。

はたして、パースはなぜ、いかにして、このような多宇宙の夢を見ることができたのか。それはいかなる論理によって構成されたヴィジョンなのか。本書では、この複雑にもつれ絡んだ道筋を解きほぐし、彼がわれわれへと託したメッセージを読み取ってみたいと思う。そのために、われわれは彼の「一、二、三」というカテゴリー論――それはあたかも、キューブリックの映画『二〇〇一年宇宙の旅』のなかで、漆黒の宇宙空間を進む宇宙船の背後に常に流れていた、ヨハン・シュトラウスの『美しき青きドナウ』のように、パースの理論全体に深く、広く浸透した存在論である――を理解し、現実性と潜在性という様相の問題を解釈し、さらにはプラトン的質の連続によって構成されている連続体の世界という、もっとも深く暗い迷宮の論理へと向かわなければならないのである。

しかし、われわれは哲学の森ともいうべきこの体系的思考へと分け入ってゆくまえに、まず一種の準備作業として、ここではいったんパースを離れて、彼の思想に影響を与えたと考えられる、もう一つ別の宇宙論的問題関心に注目することから出発することにしたいと思う。それは彼よりも半世紀前のアメリカを代表した思想の一つであり、パースや親友のジェイムズの父の世代にたいして、深甚な影響を及ぼした精神の響きともいうべきものである。

その思想はパースの哲学的議論に比べれば、いかにも文学的な、象徴的・両義的、ないし不定形なメタファーの世界であるが、そのメタファー、神話の世界を潜り、遠回りをしておくことで、われわれは彼が育まれたアメリカの思想的環境の一端を瞥見するとともに、彼が意識せざるをえなかった哲学的宇宙論の方法論の問題についても、一定の見通しをえることができるであろうと思われる。われわれはまたさらに、そうすることによって、本書の随所で触れねばならなくなるであろうパースの特異な宗教思想についても、その問題関心への心構えを予め用意しておくことができるのではないか、とも思われるのである。

第一章　エマソンとスフィンクス

――「喜ばしい知識」の伝道師――

アメリカの一九世紀前半、南北戦争以前のニューイングランドにおいて、それまで支配的であったピルグリムファーザーズ以来のピューリタニズムに反抗する、「トランスセンデンタリズム（超越主義）」という名の観念論的な哲学の運動がおこり、その影響のもとで、現在でもしばしば「アメリカ・ルネッサンス」と呼ばれる文芸全体の精神的高揚の時代があったことは、アメリカの文化史や思想史の研究者にはよく知られた事実である[1]。

トランスセンデンタリズムとは、ユニテリアン主義（単一神論、イエス・キリストの神性を否定して、父なる神のみを認める立場）のような「合理的神学」に反対して、個人の道徳感情や宗教的直観を通じた超越的なものの把握に、信仰の基盤を求めようとする思想である。そしてこの思想を核としたアメリカ・ルネッサンスとは、個人の宗教的感情のはるかかなたに神の姿を望むのと同じように、現在のかなたに未来を、物質のかなたに精神を望むというしかたで、「無限への展望」という姿勢を貫こうとした精神的運動である。

このルネッサンスを担った著作家としてふつうに挙げられるのは、エマソン、ソロー、ホイットマン、ポー、ホーソーン、メルヴィルらの名前であるが、なかでもトランスセンデンタリズムの指導者的な思想家であったラルフ・ワルド・エマソン (Ralph Waldo Emerson, 1803-82) は、今日の日本においてこそあまり顧みられることはないかもしれないが、かつてはわが国でも福沢諭吉、北村透谷、宮沢賢治、鈴木大拙など、多くの日本の知識人の思想的バックボーンとなった思想家であった。エマソンは合衆国本国においてはいまなおアメリカ精神の真の源泉として、非常に広く読まれ論じられているばかりではなく、現代世界におけるアメリカの独特な地位の問題もあって、近年ではその思想の「アメリカ性」をどのように特徴づけるべきかという点にかかわって、とりわけ熱心な議論が繰り広げられている。彼はその特異な宗教思想、世界観を、いくつかの随筆集や詩集において展開したのであるが、「コンコードの賢者」と呼ばれたこの思想家から多大な影響を受けた一九世紀の代表的な哲学者として、とくに次の二人の名前を銘記することが重要である。その一人はニーチェであり、もう一人がパースである。

これらの哲学者は、どちらも一九世紀後半に生じた、それまでの近代西洋哲学にたいする根本的な批判と変革の運動の中心的な立役者であり、互いに似通った思想を共有している面もあった。その彼らがエマソンという、どちらかといえばマイナーな詩人と思われる思想家の影響を被っていたというのは、奇妙なことであるように思われるかもしれない。しかし、エマソンは実際にはけっしてマイナーな思想家ではない。

彼は代々、ピューリタニズムの牧師を勤める家系に生まれて、彼自身もはじめはボストンの教会の牧師として出発したが、伝統的な教会のキリスト教解釈に深い不満を覚えて、プラトン主義や新プラトン主義と古代インドやペルシアの神秘思想、宗教思想を混合した、新しい宗教思想の提起者となった。彼の処女作は一八三六年の哲学的論考『自然』であり、その後一八四一年に『エッセー集』第一集、四四年に『エッセー集』第二集を出版したほか、『詩集』(四六年)、『代表的人間』(五〇年)などの著作を発表した。二冊のエッセー集のテーマは、「自己信頼」から「大霊」や「円」「運命」など、非常に多岐にわたっており、エマソンはその論題の幅広いスペクトラムに応じて、アメリカの個人主義、民主主義の唱導者というイメージから、西洋人としては恐らく可能な極限まで東洋思想と同化したキリスト教の信奉者、あるいは、自然を人間精神の隠喩と見ると同時に、その背後に宇宙全体の生命力である「大霊」のはたらきを見ようとする、複雑な神秘思想家としてのイメージまで、きわめて多声的な響きのもとで自己を表現することのできる思想家であった。そして、彼に強く影響を受けた者には、すぐ近くに接した詩人のソローやホイットマンがおり、遠くはプルーストやガートルード・スタイン、フランク・ロイド・ライトらがいる。しかし、いわゆる純然たる哲学の世界でその深い影響下に形成された思想として、パースとニーチェ(そして、ジェイムズやデューイ)の名を挙げねばならない。

ニーチェについては、彼が三〇歳のころエマソンを読んで以来、その『詩集』や『エッセー集』を旅の先々に携行し、さまざまな注釈を書き込んでいたことが知られている。ニーチェの最初期のエッセーには、エマソンから主題を借りたものも多いが、その彼がエマソンからえたと思われる概念のなかでも、とりわけ注目すべきは次の三つであり、それらはいずれも彼の思想の枢要な柱をなす鍵概念であるといえる。

「喜ばしい知識(la gaya scienza)」――。エマソンは一八四一年ころの日記に「わたしは喜ばしい知識の教授(a professor of the Joyous Science)である」と書いて以来、しばしばこの表現を使うようになり、後に断片集として発表されることになった『詩と想像力』において、「詩人とは何か」という問題を論じた際に、「すべての上質なる天与の才能とは、愉快に酔わせるものである。あなたは上手に歌い、上手に踊り、語り、書き、フルートやホルンを吹き、ジャンプし、潜水し、泳ぎ、木を伐り倒し、家を建て、絵を描き、口笛を吹き、パントマイムをし、腹話術などをすることができるだろうか」と述べたうえで、「詩とは喜ばしい知識(the gai science)である」と結論している。ニーチェは『この人を見よ』のなかで、彼自身の「喜ばしい知識」という考えが、プロヴァンス地方の歌から引き継がれたものだという趣旨のことを述べているが、この表現を使う際にエマソンの考えも念頭にあったことは疑えない。なぜなら、この考えに呼応するからこそ、『喜ばしい知識』第二書九二節に、「今世紀において散文の巨匠の域に達したのは、四人のまことに非凡な真に詩人的な人間だけだった。すなわち、レオパルディ、メリメ、エマソン、ランダーだけである」と書いているばかりでなく、いくつかの箇所でそれと断らずに、エマソンの文章をそっくり復唱しているからである。(2)

「ツァラトゥストラ」――。エマソンは東洋の神秘思想、宗教思想に多大な関心を抱きつづけたが、「ゾロアスターの教え」をめぐる学術論文を読んだ結果、「喜ばしい知識とはまさにゾロアスターの教えのことである」と考えるにいたる。ニーチェが「喜ばしい知識」の延長に「ツァラトゥストラ」の教説を構想したことは、それゆえきわめて自然なことであった(このほかにも、エマソンの文章には

「ディオニュソス的なもの」という表現も頻出し、そのことがディオニュソスの思想家ニーチェに格別の親近感を覚えさせていたとも思われる(3)。

「超人(Übermensch)」――。エマソンの思想の中核は、われわれ人間の知性が、自然の世界に象徴的に書き込まれた「精神」を発見し、その精神のすべてを包み込む「大霊(Over-soul)」のはたらきを直観するところまで進まねばならない、というものであった。エマソンはこの大霊の概念をインド思想の「アートマン」からえたようであるが、この概念は基本的には新プラトン派の「一者」や汎神論的な遍在神と結びつくものであって、ニーチェのいう超人とまったく同じものとはいえない。しかし、それが人間の個々の精神的段階の「変態」の果てに遠望されるものであり、人間精神と地続きでありながら「霊の深淵」へと導くものであり、時間を廃棄して「永遠をあしらう」ものであるとされている点などに、後のニーチェの思想と重なる面を指摘することができる。その意味で、ニーチェの超人の考えには多くの源泉があるであろうが、その一つがこの「大霊」であったことも疑いがない(なお、ニーチェの超人とエマソンの大霊との結びつきについては、すでに一九二〇年代から一部の論者たちによって注目されていたが、その本格的な研究を企てていたエデュアルト・バウムガルテンが、その師ハイデッガーの反ユダヤ主義のゆえに追放の憂き目にあい、結果としてその成果が最近まで知られずにきたということは、思想史上の一つの悲劇であった(4))。

ニーチェが学んだのはこのように、主として「喜ばしい知識」の伝道師としての詩人という考えであった。この詩人像は、「自己信頼」というエマソンの思想が、単なるアメリカの民主主義的な政治風土のなかでの個人主義の称揚というあり方にとどまらない、アナーキスティックな側面をもっており、伝統を顧みずに「未知の未来」へと飛翔しようとする個人への信頼を意味していたことを鋭く突いたものである。そしてこれは、当時の多くのエマソン主義者以上にニーチェがその思想の一つの核心に迫っていたことをよく表していた。こうしたエマソン理解は、今日のポスト・モダン的文化状況のなかでのエマソンの占める位置を、予言的に先取りしたものであったともいえるであろう。[5]

さて、ニーチェが学んだのが詩人哲学者としてのエマソンからであったとすれば、一方のパースが学んだのは、宇宙論の思想家としてのエマソンからであった。

パースの宇宙論的論考を代表するテキストは、「プロローグ」でも触れた、一八九一年からの『モニスト』連続論文六篇と、九八年のハーヴァード連続講演『連続性の哲学』(原題は『推論と事物の論理』)であるが、これらの理論へと至る先行テキストとして、いずれも未公刊に終わった次の三篇がとくに重要である。

(1) 「デザインとチャンス」(八五年)――ジョンズ・ホプキンス大学の「形而上学クラブ」で発表した、宇宙の法則的性質についての論考。宇宙における規則性の存在は、「デザイン(意匠)」によるのか、「チャンス(偶然)」によるのか、を論じる。

(2) 「一、二、三。カント的カテゴリー」(八六年)――三つの要素(元素、エレメント)からなる形而上学的なカテゴリー論の構築へむけた試論。

(3) 「謎への推量」(八七―八八年)――カテゴリー論を集大成して、世界の根本的構造を解明することを主題に、公刊を目指して書かれた長篇論文。

このうち(3)の「謎への推量」には、その扉にスフィンクスの図が掲げられるようにという指示が付され、その第七章では、彼の宇宙論のアウトラインが「物理学における三項性」という表題のもとに展開された後で、「これこそスフィンクスの秘密についてのわれわれの推量である」と書かれている。宇宙論をめぐる『モニスト』の連続論文は、この「謎への推量」を、三年ほどあとに改めて書き直したものであるから、パースの宇宙論とは「スフィンクスの秘密についての当て推量」、つまり「スフィンクスの謎にたいする当て推量(A guess at the riddle of Sphinx)」であることになる。そして、宇宙の生成の謎を「スフィンクスの謎」としていい表した者こそ、エマソンであったのである。

さて、エマソンがスフィンクスの謎に言及している主要な箇所は、次の二つにおいてである。すなわち、一つは彼の処女作であり、その哲学思想の根本を示した論考『自然』の一節においてであり、もう一つは『詩集』の巻頭の詩「スフィンクス」においてである。これらの箇所で彼は、自然世界全体の究極の秘密、宇宙の根本的な存在原理への問いを、「スフィンクスの謎」として表現した。そしてエマソンのこのメタファーは当時のアメリカの知識層には非常によく知られており、パースの周囲の者にとっても、ある意味では共通のメタファーとして、もっとも重要な哲学的問題という意味合いをもって使われていた。

たとえば、パースがハーヴァード大学の学生であった時代に、ジェイムズらと「形而上学クラブ」を作っていた折の、メンバーの一人であり、パースと同じように生涯、正式のアカデミックな世界には受け入れられず、最後は自殺へと追い込まれた哲学者として、フランシス・アボットという人がいる。彼はその著書『科学的有神論(*Scientific Theism*)』(一八八五年)のなかで、「宇宙の無限の理解可能性(The Infinite Intelligibility of the Universe)の原理こそが、科学的有神論の礎石である」と宣言しつつ、「科学は、たとえそれによって誰かを、あるいは何かを葬ることになろうとも、それが認識している宇宙こそが、現実に存在するものであると主張し、さらには、——それ自身の征服をもってその究極的な実在とするような——「世界精神」が、人間に突きつけられたスフィンクスの謎の少なからぬ部分を、勝利にみちた機知によって解いたのだと主張するのである」と書いて、エマソンのスフィンクスに言及している。

さらにまた、パース自身の父、ベンジャミン・パースはハーヴァード大学の数学教授で、リンカーン大統領のもとで創設された国立科学アカデミーの創設委員のひとりとなったくらい、広く実力を認められた科学者であったが、その父が一八八〇年に行った連続講演(後に死後出版)の『物理科学の理念性(*Ideality in Physical Sciences*)』では、その冒頭において、その当時ニネヴェで発見された古代バビロニアの文字板に記されていた宇宙論に触れている。そこでは、「最初の文字板には、宇宙創造の二つの原初的起源——カオスと同一性——が並んで描かれていた。それらはちょうどピラミッドの脇に侍するスフィンクスのように、沈黙し不動の姿をしていた」と述べ始め、「自然の謎こそ、人間の知的栄養であり、そこから目を逸らそうとすることは、臆病であるとともに信仰の欠如でもある」といっている。(6)

彼らはこのように、科学的探究それ自体を神として崇めるとでもいうような、新たな信仰の形態を提唱したのであるが、この信仰の重要なシンボルとしてスフィンクスを用いていた。そしてパースもまた、彼らの思想や心情に共鳴するばかりでなく、彼自身が開発した独自な論理学の利用によって、自分こそがそのスフィンクスの謎を解き明かし、世界の形而上学的な究極的原理を明らかにすることのできる者であるという、強固な信念をもっていた。とくに、パースの父がこの講演を行った数カ月後に死亡し、次いで、古くから家族ぐるみの交際があったエマソンも翌年に死亡、さらには、アボットが著作の剽窃騒ぎに巻き込まれたうえで、不幸な死を迎えるのを目にすることによって、パースの心のうちでの「スフィンクスの謎の解答者」としての使命感はきわめて強固なものとなり、宇宙論構築への欲求はさらに深まったのである。

それでは、エマソンのいうスフィンクスの謎とは、実際にどのようなかたちで語られているのだろうか。まず、この点を『自然』における説明から見てみよう。

『自然』は一八三六年に出版され、その年に「トランスセンデンタル・クラブ」がマーガレット・フラー、ヘンリー・ソロー、シオドア・パーカーらによってボストンに結成されたこととあいまって、この思想運動のマニフェストのような意味をもつことになり、ひいてはアメリカ・ルネッサンスのバイブルともなったテキストである。この作品は序章と八つの章からなるが、エマソンは序章で、この書が新しい宗教の時代の到来を告げるものであることを示唆して、次のように書いている。「われわれに先だつすべての世代は面と向かって神と自然を直視したが、われわれは彼らの目をとおしてだ。われわれだとて宇宙に対して独自な関係を結んでもいいではないか。われわれだとて伝来のではなく、洞察の詩と哲学を、過去の宗教の歴史をではなく、われわれに対する啓示に基づく宗教を持ってもいいではないか[7]」。

「われわれに対する啓示に基づく宗教」「洞察の詩と哲学」——それはもっぱら「自然」をとおして与えられる。この啓示のなかで、われわれは「宇宙に対する独自な関係(an original relation to the universe)」をもつようになる。スフィンクスの謎のテーマは、この書の第四章「言語」に登場するが、そこでは「自然は人間に思考を伝える媒体である」ということがいわれる。すなわち、

一　言葉は自然の事実を示す記号だ。
二　特定の自然の事実は特定の精神の事実を表わす象徴だ。
三　自然は精神の象徴だ。[8]

言葉、自然、精神、これらの三者は互いに象徴しあう関係に立つ。「謎」はこの「象徴」という関係のなかでのみ生きることができる。そして、精神と自然とが互いに象徴的な関係に立ちうることそのものが、大いなる謎である。スフィンクスの謎とはこの大いなる謎のことである。

世界は象徴として存在している。語られる言葉の部分部分が隠喩なのだ。自然全体が人間精神の隠喩だからだ。精神の本性を支配する法則は、さながら鏡のなかで対面するように、物質の法則に符合する。「可視的な世界、およびその部分部分の関係は、不可視的な世界のダイヤルだ」。物理学の公理は倫理学の法則の翻訳だ。だからこそ、「全体はその部分よりも大きい」、「反作用は作用にひとしい」、「重さの違いが時間によってつぐなわれた場合には、もっとも軽いものにもっとも重いものを持ち上げさせることも可能だ」など、同様な命題はほかにも多いが、いずれも、物理的な意味ばかりでなく、倫理的な意味もそなえている。……

精神と物質とのあいだのこの関係は、けっしてどこかの詩人によって空想されたものではなくて、まさに神意のなかに実在するものであり、したがって万人が誰でも自由に知ることのできるものだ。この関係は人間の目に見えることもあり、あるいは見えないこともある。幸運に恵まれたときにこの奇蹟のことを思いみれば、賢いひとなら、いったい自分はほかのときにはいつもめくらでつんぼのままでいるのではないかと疑ってみる、

「こういうことが現実にあり、
夏の雲さながらにとつぜん頭上に襲いかかってくれば、
いつになく驚いたとしても不思議はあるまい」

何しろ宇宙が透明になり、それ自身の法則よりもさらに高次な法則がその背後から輝き出るのだ。世界の始め以来、エジプト人やバラモンの時代から、ピュタゴラスの、プラトンの、ベイコンの、ライプニッツの、スエーデンボルグの時代まで、あらゆるすぐれた天才の驚嘆を誘い、研究心を刺激してきた永遠の問題がこれだ。道ばたにはちゃんとスフィンクスが待ちかまえていて、時代が移り、次から次へと通りかかる予言者たちが、ひとりひとり彼女の投げかける謎を解くことでおのれの運をためしてみる。(9)

ここでエマソンは、スフィンクスの謎に答えようとした哲学者として、ピュタゴラスやプラトン、ライプニッツやスウェーデンボルグの名前を挙げているが、彼らは、宇宙の諸法則の背後にあって、それよりもさらに高次の法則を発見しようとした哲学者たちであるとされている。この高次の法則と

は、物質世界の諸法則の根本原理を説明するだけでなく、この可視的な物質界と不可視の精神界とが「鏡」のような関係に立つこと、自然が人間精神の「隠喩」であることについても、その理由を説明するものでなければならない。この精神と自然との関係は、一種の「奇蹟」ともいうべきものであるから、高次の法則は世界全体の奇蹟的な調和ないし適合の説明にまで踏み込むものなのである。そして、哲学者たちがこの高次の法則を解明するときとは、まさしく「宇宙が透明になる」ときである、というのがここでのエマソンの主張である。

一方、一八四六年に出版された『詩集』の巻頭詩「スフィンクス」のなかのスフィンクスは、謎を問いかけるべき哲学者を待ち続けることに、もはや疲れ果てている。しかし、一人の詩人がスフィンクスに生気を蘇らせると、その「普遍の女神」は再び、「わたしが語ることの一つでも、その意味を語れる者は、わたしのすべてを支配する者である」と宣言する。

スフィンクスは物憂気である
その翼はたたまれており
耳は重く垂れたままで
世界の黙想に沈んでいる
「誰がわたしに語ってくれるのだろう
何代もの時代が隠してきたわたしの秘密を？――
それらの時代が微睡(まどろ)み、眠っているあいだわたしは賢者(seer)を待っていた――」

……

わたしはそのとき一人の詩人が
大声で陽気に答えるのを聞いたのだった
「語り続けてくれ、優しいスフィンクス！
わたしには汝の哀歌が
喜びの歌に聞こえるのだ
汝が描く時間の姿の底には
深い愛が隠れている
その意味が浄化されるとき
光のなかで時間の悲しい姿はかき消えるだろう」

……

「ほら、朦朧としたスフィンクスよ
汝の五官を覚ますのだ！
汝の目はますます光を失いつつある
スフィンクスにヘンルーダやムルラノキやヒメウイキョウ
の薬草を嗅がせよう！――
そのどんよりとした目を開くために――」

年老いたスフィンクスはその分厚い唇を嚙み締めた――
そしていった、「汝にわたしの名前を教えたのは誰なのか？
わが仲間よ、わたしは汝の精神であり
汝の目のなかでわたしこそ眼光であるのに(Of thine eye I am eyebeam.)」

「汝はいまだ答えのない問いである
問いはいつも問いつづける
汝は己の目を見ることができるのか、と
そしていずれの答えも嘘なのだ
だから汝の問いを自然のなかへと持ち出して
千の自然のあいだをめぐって問い続けるのだ
汝、衣をまとった永遠よ、問い続けるのだ
時間は偽りの答えであるのだから」

快活になったスフィンクスは立ち上がった
もはや石のなかにうずくまってはいない
それは紫色の雲のあいだに溶けこんだ
月のなかで銀色に光輝いた

黄色い炎のなかに立ちのぼった
花々のなかで赤く咲き誇った
それは泡立つ波のなかに流れ込んだ
それはモナドノックの山頂に立ったのだ

千の声をとおして
この普遍の女神はいった
「わたしが語ることの一つでも、その意味を語れる者は
わたしのすべてを支配する者である」(10)

エマソンはこの詩において、スフィンクスに「汝の目のなかでわたしこそ眼光であるのに」と語らせている。彼がここで言及している「汝の目」とは、『自然』のなかに登場し、しばしばエマソンの批判者たちによってその思想のカリカチュアの道具として使われた、「透明な眼球」である。それは「森のなか」で「千の自然のあいだをめぐる」理性の目であり、「無」でありながら「普遍者」の流れを体現し、映し出すものなのである(これがカリカチュアの対象になったのは、イエスという仲介者を経ずに、自ら完全に透明になりうるという、伝統的なキリスト教の立場からはあまりにも素朴な神秘主義の表明のゆえである。伝統的キリスト教との訣別を求める『自然』のなかには、「宇宙が透明になる」「透明な眼球」など、「透明」なものと「視線」や「眼球」との結びつきを描くことで、「魂

(Spirit)」あるいは「理性(Reason)」のはたらきを示そうとする表現が多い[11]。

森のなかで、われわれは理性と信仰をとりもどす。そこにいれば、わたしは自分の人生に、自然がつぐなえないようなことは何ひとつ——どんな恥辱も、どんな災いも起こることはない(わたしに目だけは残してくれる)と感じる。むき出しの大地に立ち、——頭をさわやかな大気に洗われて、かぎりない空間のさなかに昂然ともたげれば、——いっさいの卑しい自己執着は消え失せる。わたしは一個の透明な眼球になる。いまやわたしは無、わたしにはいっさいが見え、「普遍者」の流れがわたしの全身をめぐり、わたしは完全に神の一部だ[12]。

スフィンクスは『詩集』においては、自分こそこの透明な眼球に透明な宇宙を縮減し、映し出す光線そのものであるのに、その自分を措いて誰が宇宙の秘密を人間の魂に伝えることができたのか、と問いかけている。これは、エマソン自身が『自然』における自分の素朴な神秘主義の主張に、一定の懐疑や反省を加え、『詩集』においてこの主張を、さらに深いレベルに立って表現してみたいと思ったためであるのかもしれない。その懐疑は、形而上学的思弁や神秘的な直観の可能性にたいする認識論的な問いかけを含意するものであろう。

さて、エマソンのスフィンクスへの言及は以上のようなものであり、パースとその周囲の「科学的有神論」、あるいは「物理科学の理念性」を信奉する者たちは、いずれにしてもこの文脈を下敷きにして、一つの「透明な眼球」となることで、自らスフィンクスの眼光を放つことを求め、精神と物質との鏡像的関係の根拠を求めたということになる。本書で分析してみたいと思うのは、とくにこうした問題の追究を後半生の使命として自分に課したパースが、このエマソンのスフィンクスにたいして、どのような答えを用意し、それによってこの幻想上の怪物といかなるかたちで一体化し、世界を見通したのかという問題、すなわち宇宙の根本的な法則をどのようなものとして特定したのか、という問題である。パースは今日のビッグバン宇宙論に相当するような進化論的な宇宙論を、独特の論理によって思弁的なしかたで構想したのであるが、その構想にはどんな理論上の動機づけがはたらき、そこからいかなる宇宙論的ヴィジョンに到達することができたのか――これが、本書で論じてみたいと考えている問題である。

しかし、ここではパースの哲学に進むまえに、さらにもう少しエマソンのスフィンクスのイメージのもとにとどまって、その輪郭をはっきりとさせておく必要があるように思われる。というのも、以上のテキストを通じて、エマソンが「スフィンクスの謎」という表現に託した主題の意味についての一定の了解はえられたとしても、なぜエマソンのなかで――そしてパースのなかで――スフィンクスの謎と宇宙論的問題意識が結びついたのかは明らかではなく、それどころか、そもそも伝説の動物ないし怪物であるスフィンクスとは何であり、エマソンがこの幻想の怪物のうちに見ていたものの正体とは何であったのかも、けっしてそれほど判明ではないからである。

スフィンクスとは何か、あるいは、誰なのか――いうまでもなくスフィンクスといえば、テーバイのライオス王の子オイディプスに向かって、「朝は四足、昼は二足、夜は三足となる者は何か」と問うた、ギリシア神話のなかの怪物とわかちがたく結びついており、エマソンのいう「謎」も当然のこ

となが ら、さしあたってはこのオイディプス神話に登場する怪物による謎かけのことを指している。しかしながら、オイディプス神話においては、周知のように、「人間とは何か」という問いを意味したはずの謎が、われわれがここで問題にしているアメリカ・ルネッサンスの思想家たちにとっては、宇宙の根本法則への問い、いっさいの存在者の根本原理や、その原理の認識可能性といった形而上学的問いへと大幅に拡張されているのはなぜなのか。なぜ、スフィンクスの謎が、「透明な宇宙の高次の法則」の説明までをも指し示すものになりえたのか。この点については、やはり何がしかの説明が必要であろうし、しかもその説明のためには、エジプトからシュメール、バビロニア、アッシリアなどの西アジアへと伝わったスフィンクスという宗教的幻想の生物の担った役割――それがミュケナイ文化からギリシアの古典期へと伝播する一方、イスラエル世界にも伝わっていったという、神話の伝承の複雑な過程の残響――を読み解き、聞き取る必要があるように思われる。というのも、改めて強調するまでもなく、スフィンクスとはライオンの体と人間の頭とを合成した空想上の怪物であり、古代エジプトを起源として、オリエント各地で宗教的様式の重要なモチーフになったものであるが、その伝播の道筋はいく筋にも分かれ、その間にライオンから有翼の生物に変身したり、男性の頭部が女性の頭部へと変わったりしている。これらの変質の経緯や意味は、けっしてひととおりに理解できるものではないであろうが、その複雑な変遷のイメージはスフィンクスという形象そのものに本質的につきまとうものであり、それゆえにこそそれぞれの思想家において用いられるスフィンクスの意味も、おのおの独自な陰影を帯びたものになっていると考えられるからである。

ここでスフィンクスという存在に託された神話学的・宗教人類学的意味の分析を行うことは、とうてい筆者のなしうるところではなく、また本書はそうした分析を目的とするわけでもないが、とりあえずエマソンのスフィンクス像を理解するためのヒントを探すために、以下に同じ一九世紀の哲学や文学に現れるスフィンクス像を参考にして、その象徴的意味の多元性について簡単な整理を行ってみることにしよう。

まず、この時代の哲学におけるもっとも有名なスフィンクスにたいする言及として、ヘーゲルの『歴史哲学講義』(一八三七年)がある。

ヘーゲルはこの講義の第一部「東洋世界」の最後にある第四章の「エジプト」において、まず、「人間の自由という思想にいまだふれることのない、エジプト人のぼんやりとした自己意識」においては、「たんに生きているというだけのぼんやりとした魂を崇拝する」のが通例であったが、「動物のなかに隠されていた精神的なものが、人間の顔として表現されるような場合もある。ライオンの体の上に少女の頭部のついたスフィンクスや、ひげをつけた男の上半身のスフィンクスなど、さまざまな形のスフィンクスは、まさに、精神的なものの意味が、解決すべき謎であることをあらわしている」として、エジプトにおけるスフィンクスの登場が、眠れる東洋から、意識をもった西洋への移行の第一歩を間接的に象徴していたと解釈する。

そのうえでヘーゲルは、次の第五章「ギリシャ世界への移行」で、同じスフィンクスがギリシアの世界においては、もはやエジプトの動物崇拝とは全く別の意味をもって現れていることを強調している。

かれ〔ギリシアのアポロン〕の口から出るのは、「人間よ、なんじ自身を知れ」という聖句です。この聖句の意味するところは、自分の特殊な弱点や欠陥を知れ、ということではない。特定の人間に、自分の特性を知れ、というのではなく、人間すべてが自分自身を知ることを要求している。この命令はギリシャ人にむけられたものであって、ギリシャの精神において、人間の人間たるゆえんが明確かつ完全に表現されるのです。スフィンクスにまつわるギリシャの物語は、わたしたちをおどろかさずにはいません。エジプトのテーベにたつスフィンクスには、「朝は四本足、昼は二本足、夜は三本足になるものはなにか」ということばが刻まれていた。オイディプスがやってきて、それは人間だ、と答えて謎を解き、スフィンクスを断崖から突きおとしたという。エジプトにおいてさしせまる課題となった、東洋精神の解決と解放の鍵は、いうまでもなく、自然の内面的本質をなすのが人間の意識のうちにのみ存在する思考だ、という点にあります。(13)

このように、ヘーゲルは同じスフィンクスという神話的動物の役割が、エジプトとギリシアで大きく変化した点を見据えて、人間の自由を自覚しない東洋的精神からその自覚の発展の歴史としての、西洋的精神への変貌の象徴と理解している。いわば、エジプトにおける「少年のような」無自覚的謎の表明から、謎は人間(ないし自由)そのものの自己確認の契機にすぎないという認識への跳躍に、西洋的精神の出発を見いだしているのである。

ヘーゲルによる、エジプト的スフィンクスからギリシア的スフィンクスへの変貌の論理は明快である。しかしながら、その明快さは、理性による自由の自己実現という彼の歴史哲学の論理がスフィンクスに外側から付与した明快さであって、スフィンクスという存在自体の変貌の具体的なあり方に即して、直接に見て取れる明快さではない、とも考えられる。むしろその変貌の具体相に着目すれば、スフィンクスの変形、変質は、力強い獅子からより非力な鳥類への変身であり、あるいは男性から女性、昼から夜、生から死への転換のベクトルをもったものとして、ヘーゲルとは逆の見方をすることさえ可能である。そして実際に、一九世紀もその後半になると、スフィンクスをめぐる言説はヘーゲル的な啓蒙の論理とは逆の事態の象徴として、この幻想の生物を描き出すことになる。

たとえば、ヘーゲルがギリシア的スフィンクスの登場に「アポロンの聖句」を重ねたとき、当のアポロンの裏側ともいうべきディオニュソスの存在により大きな意味を見いだそうとしたニーチェは、オイディプスに謎をかけるスフィンクスについても、その両面性を強調せざるをえないと考えた。

われわれは真理を欲する、というが、ところで、なぜにむしろ非真理を欲しないのか？　なぜに不確実を欲しないのか？　なぜ無知をすら欲しないのか？——真理の価値の問題が、われわれの前に歩み出てきた、——いな、この問題の前に歩み出ていったのは、われわれの方であったか？ここでオイディプスであるのは、われわれのうちのどちらであるか？　どちらがスフィンクスであるか？　いうならばそれは、疑問と疑問符との密会のようなものだ。——要するに、この問題は、いまだかつて提出されたことがなかったのだ、——それはわれわれによってはじめて見抜かれ、注目され、あえて提起されたように思われる、こう信じてよかろうではないか？　なぜなら、

ここには冒険があるからだ、そしておそらくはこれ以上に大きな冒険はないからだ。(14)

（『善悪の彼岸』第一節）

これは、スフィンクスの存在とは疑問と疑問符の「密会」の場所、すなわち理性と非理性とが交差し、交代する場所を象徴しているのではないかという、ニーチェらしい鋭い問題提起であり、人間と鳥ないし動物の融合した両義的な怪物の存在自体が一つの形而上学的な問題でありうることを、ニーチェの流儀で述べたものであるとも解釈できよう。

そして、同じ一九世紀後半でも、目を美術や文芸の世界に転じれば、スフィンクスのもつ「非理性への誘惑」という性格は、さらに前面に出され、その暴力性が強調されるようになっていることに気づかされる。たとえば美術の世界で、ギュスターヴ・モローが官展に出品して一種のスキャンダルとなった『オイディプスとスフィンクス』(一八六八年)では、オイディプスが純真な青年であるのにたいして、それを誘惑し奈落へと落とそうとする、「運命の女(ファム・ファタール)」としてのスフィンクスの姿が描かれている。これは、ソポクレスやエウリピデスの悲劇の原形となったとされるオイディプスをめぐる叙事詩(オイディポディア)において、子供をさらったり、戦士たちの死を見守る「破滅」や「悪運」の象徴とされたスフィンクス、あるいはエウリピデスの『オイディプス』において、「血に飢えた乙女」と歌われたスフィンクスなど、ギリシアにおいてその残虐性がさまざまに強調されていた側面に光を当てたものであり、けっして画家の恣意的な空想による極端なデフォルメとはいえないであろう。しかし、スフィンクスがほとんどサロメやサイレーンと同列に扱われ、冷酷で妖艶な誘惑者の別名となっているところには、この時代から一九世紀の世紀末にかけての、美的嗜好が示されているとはいえるであろう。これに続く文学の世界では、ボードレールやワイルドがスフィンクスをまさしく「悪の華」の権化として歌うことになるのである——。

さて、以上が、エマソンと同じ一九世紀の哲学や芸術における、典型的なスフィンクスとその謎についての解釈であるが、ここには人間の自由の自覚の契機（ヘーゲル）、真理と非真理の共謀の可能性（ニーチェ）、純粋な青年にたいする妖婦の誘惑（象徴主義の芸術、文学）という、非常に異なった三つのイメージが、同じ神話的エピソードにたいして付与されていることが確認できる。このことは、「スフィンクスの謎」というメタファーそのものが相当に不確定な要素をもち、この表現を用いた議論において、論者はかなり幅広い連想のもとでの議論を展開する自由があることを如実に示している。そして、先にその輪郭を見たエマソンのスフィンクスが、これら三つの解釈とはまた別種の象徴であり、彼独自のイメージであることも、これらの解釈と対比することによってはっきりと確認されることになる。

エマソンのスフィンクスが、これら三種類のイメージのいずれともっとも強い親近性をもつかといえば、時期的な点から見ても当然のことであるが、ヘーゲルの解釈する人間の「理性」へと呼びかけるスフィンクスと重なる点を、それはもっとも多くもっている。エマソンのスフィンクスは非理性への誘惑ではありえないのであるから、一九世紀後半のスフィンクスとは重ならない。しかしながら一方で、彼のスフィンクスはその能動性において、ヘーゲルのそれとも決定的な違いを見せている。ヘーゲルの取り上げるスフィンクスは、オイディプスにおける自由の自己認識としての理性の発動の契機を提供するだけであり、それ自身は受動的なままで、謎の解決のゆえに谷底へと飛び込んでしまう(それはソフォクレスの原作に忠実なスフィンクス像である)。しかし、エマソンのそれは、その詩篇からうかがわれるように、長い倦怠に苦しめられてはいても、ひとたび詩人による鼓舞が与えられるなら、「快活に立ち上がり、紫の雲、月光の銀色、黄色い炎、赤い花々と混じりあい、泡立つ波に流れ込む」ような、きわめて活動的できらびやかな色彩に満ちた存在である。この能動性の面から見れば、それはむしろモローの絵画やワイルドの詩にも通じる積極的で、能動的な存在なのである。

このような色彩に富むスフィンクス、生命力にあふれ、ヘンルーダやヒメウイキョウなど、南ヨーロッパやアラビア、エジプトの薬草によって蘇るスフィンクスとは、いかなる存在なのだろうか。それは本当にオイディプスが対面した怪物なのか。むしろそれは、ギリシアのオイディプスへと至る以前に、エジプトからメソポタミアへと移入される過程で、さまざまに姿を変えたこの幻想の生き物の幻影ではないのだろうか。ここではとくに、エジプトからメソポタミアへと移入されたスフィンクスが、古代中東の神話世界における「生命の木」の思想と結びつき、その守護者である「ケルビム」の形成に大きくかかわった、という事実が思い起こされる。とりわけこのケルビムがイスラエルにおいて、旧約聖書の『創世記』における、エデンの園の知恵の木、あるいは生命の木の守護者として語られ、また『エゼキエル書』において、神の謎めいた守護霊のようなものとして語られていることが注目される。この点を重視すると、エマソンのスフィンクスとは、その謎の投げかけにおいてオイディプス神話を下敷きにしているように見えながら、実際には、宇宙生成の原理を象徴する生命の木を守りつつ、その解明を促そうとする、ケルビムをその正体とするようにも思われてくるのである。

周知のように、『創世記』第一部「原初史」では、天地創造の説明のすぐ後に「エデンの園」の物語が置かれているが、そこには「神ヤハウェは東方のエデンに園をひらいて、そこに自ら形造った人を据えた。神ヤハウェは大地から、見ばえよく、食べ物に適するあらゆる木を、また園の中央には生命の木と善悪を知る木とを、生えさせた」とある。そして、蛇によるエバへの囁きと、エバによるアダムの誘惑によって、「善悪を知る木」になった実が食べられ、そのことがヤハウェに露見した結果、二人はエデンの園を追われることになる。

神ヤハウェは言った、「みよ、人はわれらの一人のように、善悪を知るようになった。いまにも彼は手をのばし、生命の木からも実を取って食べ、永遠に生きることになるかも知れない」。そこで神ヤハウェは人をエデンの園から連れ出し、人がそこから取られた大地に仕えさせた。こうして、神ヤハウェは人を追放し、生命の木にいたる道を守るため、エデンの園の東にケルビムと揺れ動く剣の炎を置いた。[15]

ここに登場するケルビムは、スフィンクスと同様に人間の頭部と鳥の羽とライオンの体をもった想像上の生き物であり、旧約聖書のなかではエルサレム神殿を飾る動物とされているが、同形のものはアッシリアのレリーフやミュケナイ出土の彫刻などにおいて多数見いだされ、それらはほぼスフィンクスと同じ生き物とされている。そして、それらの彫刻などにおいて、ケルビムあるいはスフィンクスが「生命の木」の守護者とされているが、重要なのはこの生命の木という表象そのものが、単に自然の豊饒さや生命力を意味するのではなく、宇宙全体の生成発展を表していたであろうとされている事実である。とくに旧約聖書の『創世記』において、その木が「善悪を知る木」と並んで生えている(あるいは、解釈者によっては、善悪を知る木とまさに同一であるともされる)という事実は、この木にかかわるケルビム/スフィンクスの格別の役割を伝えるのに十分な意味をもっていると思われる。[16](おそらく、ボードレールやワイルドにおいてサイレーンともいうべき誘惑者としてのスフィンクスが歌われた理由は、善悪を知る木にかかわる蛇やエバの誘惑の逸話とケルビム/スフィンクスとが、彼らにおいてもわかちがたく結びついていたからではなかったのか。そしてそれゆえにこそ、エマソンと彼らのスフィンクスとの間にも、一定の共鳴がありえたのではなかったのか)。

旧約聖書のケルビムがやはり人間に謎を投げかける存在であることは、『エゼキエル書』からうかがわれる。そこでは、ケルビムはスフィンクスの姿ではなく、四つの頭、翼、胴体をもつ奇怪な形象をしており、後のキリスト教におけるセラフィムに次ぐ高位にあり、神的な知を司る天使としてのケルビム(智天使)像に近づいているが、同時に、『創世記』と同じように、新しいエルサレムに建立されるべき将来の神殿において、生命の木(なつめ椰子)の両翼に控えているべき存在であるともされている。そして、『創世記』において人間に向かって、具体的に「譬えと謎」を投げかけるのは神ヤハウェ自身であるが、その神が座すべき天蓋を支えるのがケルビムであり、四つの頭からなる四頭のケルビムがその天蓋を支えつつ、閃光のような形姿で走り回り、また、雲間高く舞い上がるとされている。[17]この奇妙な形象の生き物の運動そのものが、それを見たエゼキエルにとっては不可思議な超常現象にほかならない。そして、この閃光のように走り、天へと舞い上がるケルビムこそ、エマソンの天へと昇り、雲へと流れ込むスフィンクスの原形なのである。

エマソンの詩篇「スフィンクス」の思想が、旧約聖書の『創世記』、あるいはもっと広い意味での古代オリエントの創成神話と、密接な内的連関をもったものではないかという推測は、この詩篇が書かれた時期に並行して作られたもう一つの詩篇「森の調べ(II)」を参照すると、さらに高い蓋然性をもって想定しうることがわかる。この詩篇は、作者エマソンの自然哲学を、森のなかの一本の松の木が代わりに物語るという形式のものであるが――「太陽光線が自由の空間を流れるように、わたしの思考を貫いて、松の木が波打った」――、この松の木が語るのは、『創世記』に似た世界創成の物語と進化論的宇宙論との奇妙な混合である。

その昔、世界は石の卵として眠っており
脈動も音も光も、何もなかった
神が「震動せよ！」といい、運動が生じた(And God said, "Throb!", and there was motion.)
そして広大な塊は広大な海となった
その後は不断の運動が続き、永遠の半獣神が
世界の絶えまない計画を制定し
いかなるかたちの停止もなく
何もかもが波や炎のように
新しいかたちへと逃れ出ていくことになった

宝石からは空気が、植物からは虫が生まれ
今日は松の木であるわたしも
昨日は一束の草であったのだ[18]

「神が「震動せよ!」と」いうと、それまで石の卵であった世界に運動が生じ、その運動にたいして「永遠の半獣神(パーン)」が世界の進化の計画を制定すると、何もかもがつぎつぎと新しい形態へと変化していった——これは、世界の創成神話と進化論的宇宙論を合体させたヴィジョンであると同時に、旧約聖書の宗教的神話と、プラトンの『ティマイオス』におけるデミウルゴスのタイプの、哲学的神話とを重ね合わせた物語であるともいえよう。いいかえれば、エマソンはここで、イスラエルとギリシアの神話を重ね書きすることで、より原初的で、より普遍的な観点から見られた宇宙生成の世界を透視しようとしているのであり、同じことは、オイディプス神話の衣装をまとったスフィンクスについても見て取れるはずなのである。

はたしてエマソンは、処女作である哲学的小論『自然』のなかのスフィンクスへの言及においても、自然の背後にある「高次の法則」の探究について語りながら、ギリシア神話の世界と旧約聖書の創成神話の共振や、それ以上の根源的哲学への帰還を求めていたのかどうか。このことは、『自然』の短いパッセージだけから判断できることではない。しかしながら、このエマソンの思想を自分たちの「科学的有神論」や「物理科学の理念性」という思想と結びつけた、パースの周辺の人々の耳には、エマソンのスフィンクスのメタファーが——ピュタゴラスからスウェーデンボルグまでの名前とともに――、オイディプス神話の世界以上の射程をもった根源的問いかけとして響いていたであろうことは間違いがない。スフィンクスをあえてケルビムに重ね合わせ、それが守ろうとする「生命の木」の秘密に迫り、宇宙の生成と発展の論理を解明しようとすること、それこそがこれらの人々が希求したことであり、そしてパースが、周囲の人々のこうした意志を引き継ぎつつ、それ以上の熱意をもって自らの後半生の使命として選びとった研究課題であった。

詩人思想家エマソンには、もろもろの自然法則の法則ともいうべき、宇宙の根本原理を彼自身で解明するだけの、方法論も論理も備わってはいなかった。しかし、自然についての究極的問いとしての宇宙論的探究の存在を指し示すことにおいて、彼はきわめて卓越した文学的才能と、さまざまな神話の根源にあるものを嗅ぎ分ける霊的な能力とを発揮した。その意味で、エマソン自身がパースらにとってのいわば新たなスフィンクスの役割を果たしたのだ、ともいえるであろう。そして、エマソンに新しい時代の思想の可能性を読み取ったニーチェや福沢諭吉、宮沢賢治らは、いずれも以上のような宇宙論的思想家としてのエマソンに興味を覚えたわけではなかったが、それでも彼らもまた別の角度から、その根源的で霊的な精神の力に触れ、それに共鳴するかたちでそれぞれの思想を育んでいったという点では、パースらと変わりがなかったはずである。

第二章　一、二、三
――宇宙の元素――

新ピュタゴラス主義的(cenopythagorean sen″ọ̄-pi-thag-ọ̄-rē′ạn, a. Gr. καινός, recent, new, +E. Pythagorean)。普遍的カテゴリーは数と結びついており、数によって呼ばれるべきだということを容認する点で、ピュタゴラス主義に類似する現代の思想の立場。新ピュタゴラス主義的現象学とは、第一性、第二性、第三性という三項のカテゴリーを認める、普遍的現象学である。(1)

(『センチュリー百科事典』)

わたしが言う迷路の導きの糸とは、思考を図標的で数学的なものにし、一般性を幾何学の観点から扱い、図標にたいして実験を行う方法である。(2)

(『連続性の哲学』)

1　ケンブリッジ・プラトニズムの影

エマソンやパースが生きた一九世紀には、「宇宙論」という主題が真剣な哲学的探究の課題となることはかなりまれであった。その最大の理由はいうまでもなく、カントが『純粋理性批判』において、「純粋理性のアンチノミー」という考えのもとで宇宙論的な思弁が必ずや矛盾にまきこまれることを証明して以来、宇宙論の議論は原理的に不可能なものとして、知的な探究の世界から閉め出されたからである。周知のように、カントは宇宙の空間や時間にかんして、それが無限であるか有限であるかを論じるような議論は、どちらの側に立っても容易に否定できるために根本的に不毛な議論であり、その対象となっている「宇宙全体」という理念そのものが内実のない「仮象」である、といったのだった。

さて、カントのこのような議論は近代哲学の主流を非常に深いところで決定し、その結果として、あらゆる種類の形而上学的な思弁は哲学史の正面からほぼ姿を消したのである。しかし、もちろんカント以降のすべての思想家、哲学者がこの議論に全面的に従って、形而上学的議論の不可能性に納得したり、宇宙論的探究の無意味性という考えに賛同したわけではない。たとえば、ほんの一例だけを挙げてみると、カントの後のシェリングは、スピノザ的な一元論とロマン主義的な自然哲学を合体させるために、イタリア・ルネッサンスの思想家ジョルダーノ・ブルーノの名前を借りて、『ブルーノまたは事物の神的原理と自然的原理について』という宇宙論的哲学を展開している。このテキストではブルーノ、ルチアン、アンセルモらの登場人物が、「哲学と詩との間にある類似の関係」や「真理のイデアと美のイデアの同一性」をめぐって会話を展開し、可視的宇宙の「一般的構脚」や、そこからの「特殊なものの演繹」などの問題を論じている。(3)

シェリングはヘルダーリンらとともに、カントやヘルダーの批判的哲学によって哲学が純化された後に、かえって新しい観念論の復興が、ある種のルネッサンスとして生じるであろうと考えたわけであり、そのために彼らは、スピノザ的な一元論と新プラトン主義的な世界霊魂の思想を結びつけるというような、自由な思想上の冒険を試みたのであった。これは、キリスト教の神学からすると、それまで異端とされ、正面から論じることのできなかった汎神論が、正統的な神概念の哲学的消去によって、むしろ前面に登場する機会をえた時代であるというふうにも理解できるであろう。

そして、彼らと同様に、こうしたドイツ観念論とは別の系譜に属する、エマソンらの一九世紀アメリカ・ルネッサンスの思想家たちもまた、古代の神話や聖書の問題意識と並んで、イタリア・ルネッサンスの思想を継承したドイツ観念論とはもう一つ別の思想のうちに、宇宙論的思弁の理論的モデルを見いだそうとしたのであった。エマソンやパースにとっての宇宙論的議論の理論的モデルとなったもの——それは、イタリア・ルネッサンスのネオプラトニズムを、一七世紀のイギリスに移植した、ケンブリッジ・プラトニストたちの思想であり、そのなかでもとりわけ、レイフ・カドワースの『宇宙の真なる知的体系(*The True Intellectual System of the Universe*)』の理論が、彼らの共通の議論の出発点となったのである。

「ケンブリッジ・プラトン主義者」ないし「ケンブリッジ・プラトン学派」という言葉は、あまり聞き慣れない名前であり、どちらかといえば不協和音的な響きをもった名前とさえいえるが、思想史のうえでは一七世紀中葉のイギリスのケンブリッジ大学において活躍した、特異な哲学者・神学者のグループを指している。その創始者は一般にベンジャミン・ウィチカット(一六〇九—八三)であるといわれている。ウィチカットのもとに結集した主たる哲学者は、ヘンリー・モア(一六一四—八七)、レイフ・カドワース(一六一七—八八)、ジョン・スミス(一六一九—五二)らであり、彼らはケンブリッジ大学のエマニュエル・カレッジを拠点として、当時ケンブリッジをはじめとするイギリスの知的階級において支配的であったカルヴィン主義に反対するために、当初はエラスムス流の人文主義や、オランダのアルミニウスの思想に依拠していたが、次第にイタリア・ルネッサンスのフィチーノやピコ・デラ・ミランドラを経由した新プラトン主義へと傾斜していき、この思想によって、一方では宗教思想としての新風を巻き起こすとともに、他方では、当時台頭しつつあったホッブズの唯物論や、デカルトの二元論的機械論に抵抗しようという、二面作戦的な運動を展開したのである。

これらのケンブリッジの思想家は、われわれが今日手にする哲学史の多くではほとんど目にすることはなく、かろうじてモアの名前だけが、デカルトとの屈折した関係――彼は当初は熱烈なデカルト支持者であったが、途中からその批判者に転じた――で言及されるだけである。その意味で、現代のわれわれにとってのケンブリッジ・プラトニストの代表は、モアであるといってもよい。たしかにモアは、カドワースの三歳年長であり、ふたりの間には緊密な影響関係があったともいわれる。しかし、当時のイギリス思想界においてこのグループの中心的思想家と目されたのは、カドワースのほうであり、そのことはエマソンやパースのような一九世紀の思想家たちにとっても変わらなかった。さらに、以下に少しだけ見るように、カドワースの思想はその後のロックやライプニッツの思想の交流を媒介するというかたちで、正統な哲学史の流れにおいてもけっして無視できない役割を果たしてきたのである。

さて、このプラトニズムはホッブズの唯物論とロックの経験論の間に栄えた思想である。そして、ホッブズの『リヴァイアサン』が一六五一年の出版、ロックの『人間知性論』の出版が一六八九年であることを考えると、その盛名の期間は非常に短かったというべきであろう。当時はイギリス史でいえば、フランスのルイ一四世の絶対王政に対抗すべく、ジェイムズ二世がカトリックの復活を試みて失敗、結果として名誉革命を経て立憲君主制へと移行するという、イギリス独自の政治形態が確立していく時代である。いわばイギリスの近代が形成されていく激動の時代といってもよい。そしてこの政治的激動にたいして、思想上のイギリス流プラトン・ルネッサンスの力はあまりにも微弱なものにとどまったというべきであろう。今日、この特殊な哲学・宗教思想にかんする研究書は、世界的に見ても数えるほどしかなく、わが国においては、カッシーラーの『英国のプラトン・ルネサンス』(ドイツ語原著は一九三二年)がほぼ唯一の参考書であるといってもよい状況である。[4] そして、この書物は数あるカッシーラーの著作のなかでも小著の部類に属し、ほとんど『シンボル形式の哲学』の完成後の余技とも見えるような、地味な作品である。とはいえ、この小著が「ヴァールブルク文庫叢書」の一冊として出版されたこと、そしてカッシーラーとこの希有な文庫との遭遇が『シンボル形式の哲学』のあの豊かな世界を生み出していたことを顧みるならば、その副産物ともいえるこの書物の価値もおのずから異なって見えることであろう。とくに、作者のナチス・ドイツからの亡命を控えた時期の作品であることを念頭において読む者は、この書物が鋭い輝きをうちに秘めた小さな宝石のような作品であることに、改めて感銘を受けずにはいられないことであろう。

そのカッシーラーはこの書の冒頭で、この学派の「プラトン主義」を次のように特徴づけている。

　慣例にしたがってケンブリッジ学派の思想家を「英国プラトン派」と呼んでも、客観的にはさしさわりない。しかし、哲学上の大部分の分派名や学派名と同様に、この名称は便宜的で不完全な

> 真実を表すものにすぎない。というのは、彼らがどれほど頻繁にプラトンを引用しようと、また哲学における守護聖人としてどれほど崇拝しようと、彼らの仕事は決してプラトン思想の直線的継承あるいはたんなる再受容ではないからである。……彼らの著作においては、プラトンの学説は屈折媒体を通して変形されているように見えることが多々ある。ケンブリッジ学派の思想家にとって信頼に値し模範とすべきものに思われたのは、とりわけマルシリオ・フィチーノとフィレンツェ・アカデミアによって描かれた例のプラトン思想の像であった。……フィチーノとピコ・デラ・ミランドラ同様、カドワースとモアにとっても、プラトンは他のモーセ、ゾロアスター、ソクラテス、キリスト、ヘルメス・トリスメギストス、プロティノスなどが連なる神の啓示の黄金の鎖における一つの環にすぎなかった。彼らにとって、プラトンは真の哲学と真のキリスト教がいかなる点でも対立するものではないことを示す証人、生きた証拠であった。彼はあの「敬虔なる哲学」(pia philosophia)の祖先・守護者であって、それはキリスト教の啓示以前にすでに存在し、幾世紀にもわたってその効力と生命力を実証してきたものであった。(5)

カドワースらにとって、「プラトンは真の哲学と真のキリスト教がいかなる点でも対立するものではないことを示す証人、生きた証拠であった」——カッシーラーは、彼らがこの点で、プラトンを特に神聖視していたことを認めている。しかし、ここではとりわけプラトンが同時に、「他のモーセ、ゾロアスター、ソクラテス、キリスト、ヘルメス・トリスメギストス、プロティノスなどが連なる神の啓示の黄金の鎖における一つの環にすぎなかった」といわれている点に注意しよう。すでに見てきたように、エマソンにとってはスフィンクスの謎は、「ピュタゴラス、プラトン、ベイコン、ライプニッツ、スエーデンボルグ」らによって答えられようとしたはずのものであった。カドワースにとってプラトンがゾロアスターやヘルメス・トリスメギストスらと同列に置かれるべき思想家であったこと——そのことが、エマソンの考えるスフィンクスと対峙する哲学者のうちに、プラトンが数えられる理由でもあったのである。

ルネッサンスのフィチーノにとっても、ケンブリッジのプラトン主義者にとっても、そしてさらには「トランスセンデンタリズム」の立場に立つ、われわれのエマソンとそのグループの思想家にとっても、「敬虔なる哲学」はさまざまな思想の折衷によって可能になる精妙な奥義と考えられたが、カドワースの『宇宙の真なる知的体系』はまさしくこの種の折衷主義の典型ともいうべき宇宙論の集大成である。彼はこのテキストにおいて、「形成的自然(Plastic Nature)」という彼独自の自然哲学的原理の思想を展開するのであるが、一方では、この思想が古今のあらゆる自然哲学のうちに萌芽的なかたちで存在したことを、プラトン、アリストテレスはもとより、ヘラクレイトス、ゼノン、デモクリトスら、古代ギリシアの数多くの哲学者たちの教説のなかに検証し、ひいてはパラケルススらの近世の哲学をも自らの思想の先駆者として列挙している。パースやエマソンにとってこのテキストが宇宙論的探究の一つのモデルを提供した理由は、この書物に盛られたカドワースの「形成的自然」の原理が、それ自体として重要な哲学的難問を突きつけているからであるが、同時にその百科全書的な古今の理論の網羅によって、哲学の歴史におけるあらゆる宇宙論的思弁を展望してみせた、恰好の参考書ともなっているからである。

(この書物は一六七八年の初版において、すでにフォリオ版九〇〇頁を数えたが、そのラテン語版が一七三三年に出されたとき、訳者のモスハイムが本文中に引用されている古今のテキストの典拠を示すとともに、多くの解説を注として加えたために、元の分量は倍加された。このモスハイム訳のラテン語版をもう一度英語に訳し直したものが一八四五年に出版され、一九世紀の英米の思想家たちはこの大部な三巻本に接したのである)[6]。

エマソンはカドワースに先立って、まずトマス・テイラーによるプラトン全集全五巻(一八〇二年)に心酔し、一八三三年にイギリス旅行を行った際には、ワーズワースやコールリッジ、カーライルら、イギリスの文人たち相手にプラトン論議を交わすことを主たる目的としたのであるが、その折にカドワースを知って以来、今度はこの思想こそが自分の哲学をもっとも直接に表現したものであると考えるようになった。彼の『自然』は、カドワースへの傾倒のもとで書かれたものである(『宇宙の真なる知的体系』の「形成的自然」や「世界霊魂」の思想は、そっくり『自然』に活かされているが、それ以外にも、先に見た「松の木」に登場する「半獣神(パーン)」なども、カドワースのテキストを下敷きにしている)。そしてその傾倒がずっと変わることなくつづいたことは、一〇年後のモスハイムの英訳新版に接した際に記した、次のような日記の一節にも現れている。「カドワースの本は、豊富な引用から、並外れた倫理的な章句や古代哲学の輝ける峰々にいたるまで……まさにすばらしい啓示をはらんでいる」[7]。

他方、パースはその一〇年ほど後の大学時代に最初にこの書に触れることになる。彼の哲学上の模範は、大学時代以来一貫してライプニッツとカントによって与えられているが、近代哲学ではホッブズとカドワースとがその次に位置しているといってもよい(彼はスコラ哲学にも非常に通じていたが、古代のギリシア哲学に触れるようになったのは、むしろ後年になってからである)。彼はしばしば、一七世紀の哲学が「ホッブズ、カドワース、マールブランシュ、スピノザ、ロック、ライプニッツ、ニュートン」を生んだと述べており、とくに「自然法則」をめぐるオッカム以来の唯名論的解釈の興隆(ホッブズ、ガッサンディ、バークリー、ヒューム)にたいする強力な批判者としてのカドワースの意義を評価し、自分の実在論的な自然法則論が彼の立場に与するものであることを強調している。[8]

エマソン、パースらが触れているカドワースの思想とは、ホッブズに対抗するために彼が提出した「形成的自然」の理論であるが、それは簡単にいうと、自然のなかに見いだされる物質的な機械論的因果性の底には、形成的自然という精神的な原理がはたらいており、この原理によって機械論的な自然現象のみならず、生命や精神のはたらきも説明されるようになる、というものであった。デカルトやホッブズの機械論的自然観では、すべての運動変化が粒子的な事物どうしの近接因に還元されるために、複雑なものの存在を単純なものの存在から、有機的な存在を無機的な存在から、自由な現象を必然的現象から発生したものとして説明するほかはないが、このことは実際にはまったく説明不可能であり、したがってこれらの現象は理解不可能なものにとどまることになった。これにたいして、新プラトン主義に立つカドワースらにとっては、自然現象の説明は原初的なものからの「流出」によって説明されるべきものなのであり、この説明様式にのっとって、神というの事物の創造者にして源泉であるものから流出する「形成的自然」という原理のもとで、個別的な存在領域におけるさまざまな変化の形式が構成されたとするのである。

自然には「はしご」ないし等級(ladder or scale)が存在し、完全性の度合いに応じて存在者の間に幾重にも積み重ねがあることは、疑いがない。死んだ、意識のない、考えることのない物質のうえには、生命、感覚、思考があって、感覚その他のうえには理性と知性がある。……したがって、実在には等級または「はしご」のような段階があることは明らかであり、ものごとの秩序は疑いの余地なく、下降する仕方で、より高く完全なものからより低いものへと降っていくのである。……この「はしご」のステップないし度合いは、どちらの方向にかんしても無限ということはない。すなわち、一番低い端、底辺、足下には無知で意識もない、いっさいの生命と知性を欠いた物質があり、「はしご」の一番うえ、先端、頂点には、それ自身を、そして森羅万象のいっさいの可能性を、包み理解している完全かつ全能な存在がある。……精神はすべてのもののなかで最古のものであり、諸元素と物質的な世界全体とに先行している。(9)

(『宇宙の真なる知的体系』一巻五章四節)

自然のさまざまな作業が神の法と命令(divine law and command)とによって執行されているというのは、そのとおりであるが、しかしそれがあたかも言葉で書かれた法や外的な命令などの力にのみ頼ってすべて実行されているかのように、通俗的な意味で理解されてはならない。というのも、生命のないものがそのような法によって命令されたり支配されたりすることはないからである。それゆえ、神の意志と欲求のほかに、すべての結果を生み出すための、別の何らかの直接的な作用者や実施者(immediate agent and executioner)が与えられているはずである。……したがって、自然の事物を統治している神の法と命令とは、すべての結果を生み出すための何らかのエネルギー的、作動的かつ作用的な原因(energetic, effectual and operative cause)によって、実際の遂行をまかされていると考えられるべきである。……それゆえ、あらゆる事物は偶然に、導き手のない物質の機械的作用によって生み出されるのでもないし、また、神みずからが直接的かつ奇蹟的にすべての事を行うと考えることも合理的ではないので、神のもとに、その下位の従属する道具としての形成的自然が存在して、それが神の摂理のあの部分、すなわち物質の規則的かつ秩序だった運動というものを、こつこつと実行しているのだと結論できると思われるのである。(10)　(同、一巻三章三七節)

右の引用からも明らかなように、カドワースの自然観は究極的には精神の原理を基礎におく、唯心的なものであるが、実際の自然の過程を導いているのは、「形成的自然」という「エネルギー的、作動的かつ作用的な原因」であるとされる。「形成的な(plastic)」自然とは、文字どおりプラスティックな本性、可塑的な本性であり、事物を生み出し、形を作り、形を変えていく原因である。この原因は物質的世界においては作動原因的に(efficiently)はたらくのであるから、それ自身は心的ないし意識的なはたらきではない。それはむしろ、個々の機械論的作用の根本的な原理となる、物質の究極的な力にほかならず、無意識的なものである。しかし、この自然全体が生命や知性も生み出しているのであるから、その根底にあるこの形成的自然を全体として一個の存在者として見るかぎり、「世界霊魂」にも等しい精神性をもっている。つまり、形成的自然は神の摂理の道具としては物質的なものであるにもかかわらず、そのはたらきの本質は精神的なものなのである。

さて、カドワースの形成的自然の概念は、スピノザ的な一元論的実体とも異なった、独自なはたらきをするとされる興味ぶかい概念であるが、明らかにこのままでは曖昧な面を残した考えであるといわざるをえないであろう。それは物質にも精神にも共通の作用力をもつといわれるが、その作用の厳密な形式はいかなるものなのか。形成的自然が神の「道具」といわれるとき、それはたとえば、ニュートンが空間と時間とを神の「感覚器官のようなもの」といったことと、どのように異なるのか——。カドワース自身はこの概念の価値を、古代ギリシアの多くの哲学思想との類似性の強調によって証明しようとしているが、むしろ重要なのは、この概念の曖昧さを取り除き、その整合性・生産性を実際の自然現象のなかで確かめることであろう。それゆえ、エマソンやパースの宇宙論的企ては、このカドワースの「形成的自然」の考えにたいして、それぞれ別の角度からより具体的な説明を用意しようとしたものであったといってもよい。それは、エマソンであれば、精神と物質との間の象徴的かつ鏡像的関係や、自然法則の上位に位置する「より高次の法則」というアイデアであり、パースであれば、以下で見るように、第一性としての偶然や自発性と、第三性としての習慣や法則性の、物心における異なった組み合わせに由来する、宇宙の複雑な進化の論理として追究されようとしたものである。本書で解きほぐそうとする、パースの宇宙論の一面とは、まさしくこの「形成的自然」のはたらきを理論的に厳密化する、という問題であったともいえるのである。

ところで、カッシーラーはこのケンブリッジ・プラトニズムの自然哲学にかんして、特に一節をさいて、この思想にたいする同時代のライプニッツの批評を参照することが重要であると述べている。すなわち、ケンブリッジ・プラトン主義者たちの宗教観にもっとも近似した一七世紀の哲学者はライプニッツであり、彼自身がこの学派の立場と自分の形而上学的体系との間に多くの接点があることを、はっきりと自覚していた。ライプニッツは、カドワースの主著に熱烈な称賛をこめて言及さえしていた。しかしそれにもかかわらず、彼は「形成的自然」の説に従わなかったが、それは理論的内容に反対したからではなく、その分析の「方法」に反対したからである――カッシーラーはこのように述べて、ライプニッツによるカドワースらへの批判が、哲学史的に重要な意味をもっていることを力説している。

さて、ライプニッツの形而上学のうちに近代の合理主義哲学の最高の到達点を見るカッシーラーにとっては、このドイツの哲学者とイギリスのプラトン主義者との対比が特別な意味をもつであろうことは、容易に想像されることである。そして、この点は実は、われわれの関心にとってもまさに見のがせない点なのである。というのも、ライプニッツによるケンブリッジ・プラトニストへの共感と批判とは、本質的に、その二世紀後のアメリカ、マサチューセッツ州のもう一つのケンブリッジにおける、パースとエマソンとの共鳴と距離感というテーマに通底して響いているからである。

（ここで余談ながら、カッシーラーは触れていないカドワースの哲学史上の間接的な役割についても、一言付け加えておくと、このカドワースの宇宙論が、ロックとライプニッツの哲学の邂逅のきっかけをなしていた、という事実にも注意しなければならない。ライプニッツがロックの『人間知性論』の経験論的認識論に反対して、『人間知性新論』という合理主義的認識論を著したことは哲学史の常識であるが、ライプニッツにこうしたロック批判のきっかけを提供したのは、カドワースの娘のマシャム夫人との文通であった。ロックはマシャム夫人と若い頃から知り合いであり、後年はその館に子息の家庭教師のようなかたちで住み込んでいた。夫人自身が一個の独立した哲学者でもあったために、二人は互いのよき理解者となったのである。マシャム夫人はベールの『歴史的批評的辞典』を通じて、ライプニッツの予定調和の思想を知り、そこに父カドワースの哲学との近親性を見てとって、批評を乞うた。そしてライプニッツのほうはこの文通をきっかけとして、カドワース批判からロック哲学の本格的批判へと移っていったのである。ライプニッツはこのとき、マシャム夫人自身が一個の哲学者であることを見抜くことはできなかったが、今日では夫人はひとりの宗教‐道徳哲学者として、女性哲学者の歴史のなかに確固たる地位を占めるにいたっている[11]。

カッシーラーはライプニッツによるカドワース批判を次のように説明している。

> ライプニッツがケンブリッジ学派の思想家たちに意識的に反対してこの方法（無限小解析にもとづく自然の数学的理解）を打ちだしたのは、彼自身がこれらの思想家たちと異なるもう一つのプラトン主義解釈をとったからではなかった。ケンブリッジの哲学者たちは形而上学と神学からプラトン思想に接近し、つねにこの観点から考察する。ところがライプニッツは論理学者かつ数学者としてプラトン思想を新たな光のもとでつかみとる。彼はフィレンツェ・アカデミアが描いた「プラトン主義」の像から精神的に自由となって、プラトンを自分自身の目でとらえ直すことのできたヨーロッパにおける最初の思想家であった。だからプラトン本来の思想を後世の追加物とみさ

かいなく混ぜ合わせ、プラトン的要素と新プラトン的要素を雑多によせあつめた例の混合主義にたいして、彼ははっきりと抗議した。

「われわれはプロティノスやマルシリオ・フィチーノにもとづいてプラトンの教説を判断してはいけない。というのは、彼らはいつも奇蹟的なものや神秘的なものをとらえようと汲々としていたので、彼〔プラトン〕の基本的教説を台無しにしてしまったからだ。……」

このような判断と批判的な弁別は、ライプニッツのようにプラトンの論理学と弁証法の根本問題を自分で再発見した思想家にして初めて可能なことであった。ライプニッツもまたケンブリッジの哲学者たちのように形而上学においては唯心論者であるが、しかし彼らと異なるのはその唯心論を純然たる宗教的前提の上にたてるのではなく、論理学的・数学的観念論の基盤の上に築こうとする点である。彼がプラトンに援助を求めるのもこのためである。[12]

ライプニッツは、カドワースのなかに真のプラトンとは異質のものを見いだした。彼は何よりも、カドワースが――そしてフィチーノらが――、プラトンにおける数学的思考の重要性を見誤っていた点で、決定的に限界をもっていると考えた。ライプニッツによるこの批判は、パースにとってのエマソンらの自然観にかんする批判的視点とそっくり重なってくる。なぜなら、カッシーラーがいうように、ライプニッツがプラトンを自分自身の目でとらえ直すことのできたヨーロッパで最初の思想家であったとすれば、パースはまったく同じように、「敬虔なる哲学」における数学的・論理学的思考の重要性を見抜くことのできた、アメリカにおける最初の思想家であったからである。つまり、エマソンがカドワースに自分と同一の思想を見いだした思想家であるとすれば、パースはそれに賛同しつつ、より厳密な方法の価値を見抜いていたライプニッツの再来であるということになる(そして事実、彼は自分にもっとも似ている歴史上の哲学者はライプニッツだ、と随所で書いているのである)。

パースはあらゆる形而上学的思弁の底に、カントとは異なった新しい論理学が考えられなければならず、それは数学的思考法にしたがって追究されなければならない、と考えた。それはしかし、どのような論理学であったのか。そして、それが彼の「一、二、三」というワルツのようなカテゴリーをいかにして生み出したのか。われわれはこのあたりで、これまでの何重かに屈曲した哲学的前史の瞥見を終えて、パースにおけるこの点――数学的・論理学的思考の重視――を確かめるというかたちで、そろそろと二世紀後のパースの思想世界のほうに目を移すことにしたいと思う。

2 パースのキャリア

パースは一八八七年から八八年にかけて、「謎への推量」という表題のかなり長篇の論文を書き綴った。このテキストは完成部分を印刷して三〇―四〇頁ほどになるものであるが、これがパースの本格的な形而上学の、思弁的体系化の試みの重要な第一歩であった。彼はこの原稿の執筆に数カ月を費やしていて、「わたしは状況が許すならば、本書をすぐにでも完成させるつもりであり、それが完成した暁には、新時代の到来を告げるものの一つであるような、傑作となるはずである」と述べていた。そして、この本の扉にはスフィンクスの挿画が飾られるべきであると指示していた。

この「傑作」は残念ながら、結局当初の計画の半分ほどしか完成せず、あとには未完の原稿が残されたままに終わった。しかし、パースはその三年ほどあとの一八九一年の初頭から二年ちかくにわたって、この「謎への推量」の中身をさらに掘り下げた論文シリーズを、雑誌の『モニスト』に発表することができた。何度も述べたように、われわれが本書でパースの宇宙論として論じようとしているのは、これら「謎への推量」と『モニスト』の連続論文シリーズ、およびいくつかの関連論文なのであるが、その理論の方向性や具体的な内容を見るまえに、まず、パースの哲学にたいする基本的な姿勢、そしてこれらのテキストを書いた時点での彼のキャリアや思想的背景について、とりあえず簡単に押さえておくことにしよう。

われわれはここで、そのための取っかかりとして、『モニスト』の第三論文「精神の法則」の冒頭に置かれた、一つの興味ぶかい一節を引用することから始めたい。

『モニスト』の論文シリーズについては、これから何度か言及することがあるので、あらかじめその表題を並べておくと、次のとおりである。

(1) 理論の建築物
(2) 必然論の批判
(3) 精神の法則
(4) ガラスのように脆い人間の本性
(5) 進化的な愛
(6) 必然論者への返答

このうち、第六論文は第二論文「必然論の批判」にたいして、『モニスト』の編集者のポール・ケイラスが二篇の批判論文を書いた、その批判にたいするパースからの返答である。したがって、このシリーズは正確には、五篇の論文と一篇の付属論文とからなっていることになる(以下、第六論文を省いて、このシリーズは五篇の論文シリーズとして扱う)。

パースは第一論文で、哲学の体系的構築ということについての彼の考えを述べている。これは彼の方法論ということになるが、思考と存在に共通する普遍的カテゴリーということが論じられるのは、この第一論文においてである。そして、第二論文では、パースの時代以前までの西洋近代哲学に共通する考えとして、「必然論」というものがあることを指摘し、新しい時代の哲学を標榜する者はこのドグマを否定して、「偶然主義」の立場に立つ必要がある、と説かれる。

具体的な宇宙論あるいは形而上学が論じられるのは、これらの後の、第三論文からであるが、この第三論文「精神の法則」の冒頭で、パースは彼の思弁的哲学とそれ以前のエマソンに代表されるような観念論との関係について、簡単に説明している。以下に見るように、その説明は一見したところ一種の自嘲的なトーンを帯びていて、思弁的な哲学にたいする彼の複雑なスタンスを示しているようにも見える。われわれはしかし、その自嘲的な調子の底に、彼自身のなみなみならぬ意気込み、あるいは覚悟のようなものを読むことができるのである。

(パースは実は、第二論文とこの第三論文執筆の時期のあいだに、きわめて特異な神秘的体験をしたとされている。彼の文体に強いアイロニーの調子が含まれているのは、あるいはこの体験への戸惑いや恥じらいのゆえかもしれない。しかし、この体験については後に別のところで触れることにして、とりあえず彼の哲学上のスタンスと、それまでのキャリアを知るために、この一節をまず最初に読んでみることにしよう)。

> わたしは『モニスト』の第一論文で、哲学体系の土台を形成するのはどのような観念でなければならないかを示そうと努めたが、そこでは特に、絶対的偶然という観念を強調しておいた。そして第二論文では、その偶然を強調する思考方法を支持するような議論を、さらに展開した。ここではこの思考方法を、「偶然主義(Tychism、ギリシア語の「偶然」τύχη から)」と命名しておくのが便利であろう。……さて、わたしがこれらの論文でまず明らかにしたのは、偶然主義が、進

化論的宇宙論を生み出すであろうということであったが、この宇宙論は、自然と精神において見られるすべての規則性を、成長の産物と見なすものである。また、この偶然主義は、シェリング風の観念論を生み出すということも明らかにされたが、この観念論は、物質をもって特殊化した精神、生命力を失った精神にすぎないと見なす立場であった。ここで、この観念論との関係で、著者の精神的伝記を知りたいと思う人のために、わたしの経歴について一言付け加えておけば、次のようにいえるだろう。わたしはエマソンやヘッジやその友人たちが、シェリングからつかみ取った思想を周囲にまき散らそうとしていた、ちょうどその時代に、コンコードの近く——つまりケンブリッジのことだが——で生まれ育ったのである。シェリングはその思想をプロティノスやベーメから、あるいは、東洋の途方もない神秘思想に感染した誰とも知れないような人々から、つかみ取ったのであるが。とはいえ、当時のケンブリッジの雰囲気は、コンコードの超越主義の蔓延を防ぐために、大量の消毒剤が撒布されていた状態にあった。そこでわたしが意識している限りでは、自分がそのウイルスに感染した記憶はまったくないのである。しかし、それにもかかわらず、何らかの培養されたバクテリア、良性のタイプの病気が知らず知らずのうちにわたしの精神に植え付けられていて、長い潜伏期間をへた今になって、数学的な諸概念と物理的研究の訓練によって修正されたかたちで、表面に現れてきたということはありうることなのである。[13]

「著者の精神的伝記を知りたいと思う人のために、わたしの経歴について一言付け加えておけば、次のようにいえるだろう」——この言葉とともに語られたこのパッセージには、短い文章のなかにいろいろなことが述べられているが、ここではとりあえずさしあたって、二つの点に注目しておくべきだろう。一つはエマソンの根拠地であるコンコードとパースの育ったケンブリッジとの関係についてであり、もう一つはエマソンの「修正版」としての彼の思想の特徴ということについて、である。

まず、コンコードとケンブリッジということについて見ておこう。パースは右の文章で何よりも、エマソンらのトランスセンデンタリズムや、その思想的雰囲気のなかで醸成された観念論——物質が生命力を失った精神にすぎないと見る考え方——、あるいはそれに混在する東洋の神秘主義などを、「病気、ウイルス、バクテリア」として語っており、これにたいして、当時のケンブリッジではその病気を避けるための大量の消毒剤がまかれていたという。これはどういうことなのだろうか。

エマソンの住居のあるコンコードは、パースが生まれたハーヴァード大学のあるケンブリッジからは、北西の方角に二〇キロほど離れた郊外になるが、途中に大きな町があるわけではなく、二つの町はほとんど地続きといってもよいような同じ世界に属していた(ケンブリッジはボストンに隣接する大学町であり、この市名はもちろん、独立前のマサチューセッツ州で一七世紀中葉にハーヴァード大学が神学校として創立された際に、カドワースらが活躍することになるイギリスの大学町ケンブリッジに倣って命名されたのである)。

パースの父はハーヴァードのもっとも有力な数学教授であったが、大学近くの同じ通りに家を構えるスウェーデンボルグ主義の宗教家ヘンリー・ジェイムズ・シニアとは深い親交があった。そしてこの宗教家はエマソンを心から尊敬していて、家族づきあいをしていたのであるから、結果としてパース家においてもエマソンのグループとの親交は十分に密なものがあった(そもそもエマソンとヘンリー・ジェイムズ・シニアとの交流は、一八四二年長子ウィリアムの誕生とほぼ重なるようにして始まっている。一八五五年ころに土曜クラブというサークルがボストンに作られて、エマソンを中心にロングフェローやホーソンなどの著名な知識人が集まりをもっていた際には、パースの父もその会に参加しており、ケンブリッジに定着する以前のジェイムズ父も、ニューヨークからしばしば出向いていた(14)。

しかし、パースやヘンリーの長男ウィリアムがハーヴァードに入学するころには、創設以来二〇〇年を経た大学は、新たに自然科学を中心にした大学へと脱皮することに専心しており、パースも、その生涯の友となるウィリアム・ジェイムズも、学部生としてはまず化学や医学を専攻することを選んだのである。彼らはともに、新しく設置されたばかりのローレンス科学学校に所属したり、スイス人の博物学者ルイス・アガシの指導を受けたりした。彼らが大学生として過ごした一八五〇年代の後半は、ダーウィンの『種の起源』の出版によって思想の世界に激震の走った時期であった。それはまさしく神学的思考と科学的思考の決定的な対決の時代であった。パースの世代はこの時代の子として、科学のほうを選んだのであり、それはアメリカ最古の大学であるハーヴァード大学そのものにとっても、同じ選択を迫られる時代だったのである(ローレンス科学学校の運営にしろ、アガシの招聘にしろ、ハーヴァードの自然科学強化の指揮にあたったのは、ほかならぬパースの父であった)。

ハーヴァード大学のケンブリッジはしかし、たしかに宗教よりも科学のほうを向いていたとしても、神学校としての前身を完全に忘れていたわけではない。パースやジェイムズは自然科学を専攻すると同時に、ダーウィン流の人間観から出発する哲学の再構築へと進むのであるが、彼らが科学と同時に席を置いた哲学科は、一九〇五年にそれまでの古典学との同居から新しい建物に移り、心理学、社会学とともに「哲学部門」として独立した。その建物は「エマソン・ホール」と名づけられて、エマソンの大きな銅像を玄関ホールのシンボルとして飾っており、それは今日まで続いている。パースやジェイムズの活躍によってアメリカ哲学の黄金時代を画し、現在にいたるもなおその地位が揺るがないハーヴァードの哲学科にとって、その精神的象徴の座はどこまでいっても、同じ地域に属するエマソンによって担われているのである。

したがって、たしかにパースの世代はエマソン流の宗教哲学とは別の世界に属することにはなったが、しかし彼らの出自からいえば、それを「ウイルスやバクテリア」になぞらえるほどに、強い表現を使う必要があったかどうかは疑問である。少なくとも、彼の時代のアメリカの哲学の読者に、観念論にたいする強い疑問符を示さなければ、はじめから耳を傾けてもらえない状況であったとは思われない。それにもかかわらず、一八九〇年代のパースがエマソン流の観念論について振り返るとき、それを「病気」のレトリックのもとで論じているのはなぜなのか。その理由として推測しうることの一つは、この論文が掲載されている雑誌『モニスト』の編集者や読者にたいして、パースがとったポーズということもあるだろう。

この雑誌は、イリノイ州ラサールで成功を収めたドイツ人の化学者、実業家エデュアルト・ヘゲラーが創設した出版社、オープンコートから発行されていた。同じくドイツ出身のケイラスがヘゲラーに招かれてその編集にあたっていたが、『モニスト』という名前はケイラスの思想的立場を表している。モニストとは一元論者を意味するが、ケイラスはこの言葉で、唯物論や唯心論などの具体的な一元論ではなく、ただ世界全体のいっさいの事物が一つの法則に依存していて、その法則のはたらきこそが神である、という思想を意味していた。それゆえ、この雑誌の根本的な基調は、むしろスピノザ的な存在論に通じるものであり、けっして反宗教的な方向を目指したものではなかった。しかし、ケイラスは自分の思想を傍証するような思想——伝統墨守的形而上学の破壊を唱えるすべての立場、とくに実証主義の流れをくむ科学の哲学——の紹介に非常に熱心であり、しかも国際的な視野から雑誌を編集しようとしていたために、結果としてマッハ、ヒルベルト、ラッセル、デューイなどの重要な思想家を紹介し、一九世紀末から二〇世紀初頭にかけて、もっとも新しい哲学の国際的な論壇を形成することになった(わが国の鈴木大拙がアメリカに渡ったとき、最初についた職はケイラスの助手であった。また、『モニスト』は一九四〇年ころにいったん廃刊になるが、一九六〇年代後半に再刊され、現在でももっとも有力な国際的哲学誌のステイタスを保っている[15])。

パースがこの雑誌に寄稿することになったころは、まだ創刊から間のない時期であり、その国際的な視野と進取にとんだ性格が全面的に確立されるにはいたっていなかったが、それでもマッハの論文などはすでに掲載されていたので、国際的な実証主義の興隆は十分に意識されていたはずである。そしてそのことが、先に引いたパースの言葉にうかがえる、アメリカ思想のローカルな一面にたいする必要以上の距離感の表現を引き出したのであろう。これはいわば、パース自身がヨーロッパの実証主義的科学哲学に十分に通じていることをアピールしようとした、レトリックであると考えられる。

しかしながら、パースにしてみれば、雑誌の読者に向けたポーズ以上に、エマソンらの思想にたいする距離を示す必要が、やはりあったのであろう。それはいうまでもなく、哲学のスタイル、方法にかんする相違である。そしてそのことが、先のパッセージにおいて注目すべき第二の点、つまり「修正された」観念論といわれている点に関係することになる。

パースは自分の思想が、その出発点において無意識的に引き継いだエマソンらの思想のゆえに、もともと「良性のタイプの」ウイルスを含んでいたという。そして、この良性のタイプにたいして、「数学的な諸概念と物理的研究の訓練によって」修正が施されたものが、彼の形而上学であるという。彼にとってまさに決定的に重要であり、どうしても強調しておかなければならなかったのは、この数学的諸概念と物理的研究における訓練であり、これによって彼は、自分が新世界アメリカにおけるライプニッツとなりうるかもしれない、という自負をもったのである。

チャールズ・パースは、アメリカの『人名録(*Who's Who*)』にその職業が「論理学者(logician)」として記載された最初の人物であり、おそらくは唯一の人物である。(16) 彼は今日、われわれのいう意味での「論理学」、すなわち数学的な形式として理解されるテクニカルな論理学にかんして、傑出した業績を残している。その主要な例をあげれば、一八八一年には自然数の体系の公理化を行い、一八八五年には量化理論を考案するとともに、真理関数の考えも導入している。さらに、ブール代数を関係項にも拡張したことは、当時の論理学者のあいだでは彼の最大の功績と考えられており、ドイツの高名な論理学者シュレーダーはこの一事だけでも、パースは論理学の歴史においてアリストテレスやライプニッツに比肩するであろう、と彼に書き送ったくらいである(「あなたの国の人々や同時代の人々がどんなにあなたの価値がわからなくても、あなたの名声はこれから何千年もの間ライプニッツかアリストテレスのように輝くだろうということ、そして、潔くあなたの旗の下にくわわるより他にないことについて、心の底から真剣に彼〔ケイラス〕に請け合いました」）。[17]
しかし、パースが自分自身を論理学者と呼ぶとき、その論理は基本的には現代の記号論理学に代表されるような、厳密な形式的体系を意味するのではなくて、より広い意味での、科学の方法の妥当性にかんする認識論的反省や、さまざまな推論の合理性の根拠の探究のように、今日では「科学哲学」として分類される研究分野を指していた。パースの最初の代表的な哲学体系は、一八七七年から七八年にかけて『ポピュラー・サイエンス・マンスリー』に発表された、「科学の論理をめぐる諸解明」と題された連続論文であり、彼はこのなかではじめて、有名な「プラグマティックな意味分析の格率」を発表したのであるが、この表題の「科学の論理」という言葉が、まさしく彼自身が論理学者であると自認したときに意味していたことを表している。
そして、われわれが本書で考察しようとする彼の宇宙論的な研究の時期にはいると、彼はこのような広い意味での論理学を、もう一度整理し直して、厳密な形式的体系としての論理学の研究を数学の一分野とするとともに、それまで「科学の論理」と呼んできたものは、一種の百科全書的な科学の分類の作業へと再編することにする。そして、数学としての論理学が目指すのは、さまざまな推論の形式的体系化であるとともに、そうした体系に現れる基礎的な概念の研究ということにする。パースはこの形式化された体系として、ブール流の代数的演算の体系から出発しながら、徐々に幾何学的な図標（グラフ）をもちいたダイアグラムとしての論理学という考えを重視するようになる。とはいえ、関係項の論理学においても、ダイアグラムとしての論理学においても、彼が目指すのは思考の最も根本的な形式としてのカテゴリーの特定であり、すでに何度か触れているように、彼はこのカテゴリーを

「第一性」「第二性」「第三性」という三項からなるものとして特徴づけて、このカテゴリーが単に思考の単位であるばかりではなく、あらゆる種類の存在をも構成する究極的「元素」であるという思想へと進むのである。

さて、パースによるエマソンへの返答が含まれた「謎への推量」は、以上のような思想的遍歴を背景にして、一八八七年に書き出されたものなのである。これは彼がハーヴァード大学に在籍していた時代からみると、三〇年ほど後になるが、この間に彼は論理学の分野で最高の成果をあげていた。また自然科学の分野でも、天文学における恒星の組成にかんする新理論や、地球の重力にかんする観測、あるいは新しい地図の記法の考案などによって、その名声はヨーロッパにまで鳴り響き、科学者としての資質にかんしても一流であることが、国際的に認められていた。その意味で、この作品は彼の知的絶頂期に書かれたものといってよい作品である。

(もちろん、科学者としての成功とひとりの人間としての成功とは、別の事柄である。彼は論理学者、科学者としての名声を確立する一方で、奇妙なことに、個人的にはこの間に人生における失敗につぐ失敗を経験していた。彼はこの時期にはすでに、アメリカの中核的なアカデミズムの世界から、教育者としては失格であるという烙印をおされており、同時に、経済的にも破産の瀬戸際にまで追い詰められていた。すなわち、若くして将来の大きな学問的成功を約束されながら、人格的な問題――たとえば協調性の徹底した欠如や過剰なダンディズムなど――や、生活のうえでのさまざまな事情――たとえば慣習的な結婚制度から逸脱した私生活など――から、徐々に転落へと向かい、最終的には社会的に廃人同様の生活へと追い込まれていったのである。

本書は一個の人間としてのパースの人生の深淵に光を当てようとするものではないが、しかし彼が「謎への推量」によって「新時代の到来を告げるような傑作」が生まれることを確信し、その本の扉に、スフィンクスの挿画が飾られるべきであると指示していたそのとき、彼の人生自体がはっきりと暗転していたことは、やはり銘記されておいてもよいだろう。彼の人生の明暗は、彼の宇宙論の内容にはまったく無関係であるが、それでも、その彼が「傑作」と信じた作品制作の背後にある、哲学者としての個人的な決意のありようを、われわれはおぼろげながら推測することができる。この悲惨な状態は残念ながら、『モニスト』論文執筆の頃にも変化せず、窮状はむしろ深まるばかりであった[18]。

さて、「謎への推量」のテキストは全部で九章からなり、それぞれの章が形而上学、心理学、生理学、生物学、物理学、社会学、神学に当てられて、その冒頭に「一、二、三」という第一章と、「推論における三項性」という第二章が置かれる計画になっていた。つまり、このテキストはその冒頭部で、純然たる形式的論理学によるカテゴリーの導出を扱い、その後で科学の分類とそれぞれにおける三項的なカテゴリーの遍在ということを証明するはずのものであった。いいかえれば、「科学の論理をめぐる諸解明」シリーズから一〇年後に書かれたこのテキストは、数学としての狭義の論理学と科学の分類学としての「科学の論理」とを合体したテキストという意味で、パース本来の論理学のイメージを保持しつつ、さらに各章からなる全体が一つの立体的な構築物を構成し、知の太陽系、あるいは銀河系のようなシステムとなって、人間的知識の有機的な連結のありさまを目のあたりにさせるようにと構想されていた(このような構想を「諸理論からなる構築物」と表現したのが、『モニスト』シリーズの第一論文「理論の建築物」である)。

パースはエマソンから引き継いだ「良性のタイプの病気」に、「数学的諸概念と物理的研究の訓練」にもとづく修正を施そうと志したわけであるが、その「長い潜伏期間」の後に立ち現れた具体的な姿は、この数学的諸概念をコアとし、物理的な研究の成果をコロナとするような、知の立体的なシステムにほかならない。それゆえ、その思想的キャリアに即してみると、論理学的研究が新たな思弁的宇宙論へと脱皮、変態し、広大なヴィジョンの羽をはばたかせるという意味で、このテキストは体裁上いかに小さなものであったとしても、たしかに彼の思想の総決算となるべき役割を付与されていたのである。

「謎への推量」には本文に先立って目次と簡単な要約がつけられている。残された実際の原稿は第七章の途中までで終わっており、冒頭から前半の部分のなかにも書かれていないところがある。この目次を参照すると、パースの考えている哲学体系の構想がよく見えてくるので、ここでは次に、その目次を引用しておくことにしよう。

第一章　一、二、三。執筆済み。

第二章　推論における三項性(Triad)。未着手。この章は以下のものから構成されるはずである。

1　記号の三種類。この主題については『アメリカ数学雑誌』に掲載されたわたしの最後の論文が、最良の説明を与えている。〔「論理の代数について。表記法の哲学への寄与」(一八八五)〕

2　項、命題、議論。わたしの新しいカテゴリー表にかんする論文で言及されている。

〔「新しいカテゴリー表について」(一八六七)〕

3　議論の三種類。演繹、帰納、仮説形成。わたしの編著『論理学研究』(一八八三)に示されている。さらに、三段論法の三つの格について。同じ論文と、議論の分類にかんするわたしの論文に示されている。〔「議論の自然な分類法について」(一八六七)〕

4　項の三種類。絶対的項、関係的項、接合的項。わたしの「関係項の論理学」にかんする論文に示されている。〔「関係項の論理学における表記法について」(一八七〇)〕

これら以外にも、さまざまな三項性について論及できる。これにたいして、二分法を軸に論理学を構成する考えは、事物を絶対的な観点から見るという、誤った方法から帰結するものである。たとえば、肯定と否定以外にも、蓋然的なものがあり、普遍と個別以外にも、さまざまな数量が関与する命題がある。……

第三章　形而上学における三項性。この章は認知における三項性を論じているが、全体のなかでも最良の章である。

第四章　心理学における三項性。大部分執筆済み。

第五章　生理学における三項性。大部分執筆済み。

第六章　生物学における三項性。この章はダーウィンの仮説の本当の性格について論じる章である。

第七章　物理学における三項性。この章は哲学の新時代の萌芽となる(germinal)章である。

1　われわれが科学において期待すべきものについて一定の考えをもつためには、自然法則の自然誌が必要であるということ。

2　説明についての論理的要請からして、いかなる絶対者の想定も許されないということ。つまり、説明はつねに第三性の導入を要求すること。

3　形而上学とは幾何学の模倣であること。そして、数学者が何らかの公理にたいして反対するなら、それに対応する形而上学的公理も失墜すること。

4　絶対的偶然。

5　習慣の原理の普遍性。

6　全体の理論が提示される。

7　その帰結。

第八章　社会学、あるいはわたしのいう魂学(pneumatology)における三項性。意識とは無数の神経細胞の間に生じる公共の意見であるということ。人間は細胞の共同体である。複合的動物、複合的植物、社会、自然。第一性によって含意される感じについて。

第九章　神学における三項性。信仰をもつためには、徹底して唯物論的視点をとることに尻込みしてはならないこと。(19)

先に述べたように、このテキストの第八章、九章は書かれていない。また、全体は第七章で終わっているが、第二章は省かれており(列挙されたそれ以前の論文を整理し直す必要があったためである)、第三章もごく短い断章からなっている。したがって、実質的な議論が展開されている章は、第一章、四章、五章、六章、七章であるが、なかでも第一章と七章が充実している。つまり、冒頭のカテゴリー論と第七章の物理学にかんする形而上学がもっとも実質的な内容をもっているが、このことはある意味では当然の結果である。というのも、純粋に形式的な議論によって、いっさいの存在者に共通する普遍的カテゴリーを特定するとともに、世界におけるその具体的なはたらきを特定し、宇宙全体の特徴を明らかにすることが、この「謎への推量」の本来のテーマであり、それはまさに、第一章と七章の主題だからである。

(その他の章では、第五章の生理学の部分が重要である。そこでは生物を作る「原形質」をめぐる考察が展開されているが、その議論は『モニスト』シリーズの第四論文「鏡のように脆い人間の本性」に見られる、生命論へと直結している。この点については、次章で、パースの客観的観念論について論じるところで、改めて見ることにしよう)。

ところで、その第七章、物理学の部門を見ると、4節から7節にかけて、「絶対的偶然」から「習慣の原理の普遍性」「全体の理論の提示」「その帰結」というテーマが挙げられている。パースの宇宙論とはまさしく、この絶対的偶然と習慣形成の論理を通じて、宇宙の開闢からその終焉までのドラマを透視する理論にほかならない。『モニスト』の連続論文が改めて論じるのはこの部分の議論であり、また、パースが「これこそスフィンクスの秘密についてのわれわれの推量である」と書いたのも、その帰結の部分においてである。したがって、この物理学の部門の絶対的偶然や習慣の理論こそ、われわれの主要なテーマとなるべき部分である。

しかしよく見るとその前には、3節として「形而上学とは幾何学の模倣であること」という文章がある。そしてさらに、「数学者が何らかの公理にたいして反対するなら、それに対応する形而上学的公理も失墜する」とあるが、このことと、第一章の「一、二、三」とは、どう重なってくるのか。第一章の「一、二、三」は彼の形而上学、宇宙論を支える普遍的カテゴリーであるが、このカテゴリー論と、形而上学は幾何学を模倣すべきであるという主張、あるいは形而上学と幾何学とは一蓮托生であるという主張とは、どう関係するのか。というよりも、そもそもカテゴリー論と幾何学との関係はどうなっているのか――。

パースが、自身の思考とエマソンのそれとの差異を数学的諸概念の有無に見たのであれば、パースの宇宙論を理解するために、われわれはこの微妙な問題に取り組まざるをえないであろう。そして、この問題を考えるなかで、「一、二、三」という、誰の耳にもあまりに単純に聞こえるカテゴリー論を、やはり理解しておかなければならないであろう。そこで、以下では、われわれの次のステップとして、パースの哲学においてどうしても避けて通ることのできない、この形式上の問題へと進むことにしよう。

3　宇宙の元素

パースの哲学はなによりもまず、宇宙のいっさいのものが「一、二、三」という三つのカテゴリーからできているとする哲学である。彼によれば、世界に存在する事物は、物理的なものから精神的なもの、無機的なものから有機的なものなど、どの存在の領域をとっても、そこには無数の種類の多様性が見られるにもかかわらず、それらの個々の種類においてすべてこの三つのカテゴリーに対応する存在の様相が現れ出ているという。それはちょうど、物質を構成するいっさいの化学元素が、八種類の族からなる周期表にグループ分けされるのと同じである。つまり、「一、二、三」は単なる数字ではなく、さまざまな存在の種において同じ周期を構成する、存在の根本的な要素という意味で、物質的な領域での化学元素以上に究極的な、宇宙の「元素(ストイケイア、Elements)」なのである。[20]

第一のものとは、その存在が端的にそれ自体においてあるものであり、他のものとの参照の下でとか、他のものの外にある、というしかたでは存在しないもののことである。第二のものとは、それがまさにそれの第二のものとなるような、当のものの力によって、現にあるようにあるもののことである。第三のものとは、それが媒介し、それによって互いに関係に入ることになる二つのもののおかげで、現にあるようにあるもののことである。[21]

この定義は「謎への推量」冒頭での定義であるが、彼が存在の根本的カテゴリーとして第一性、第二性、第三性ということを考えたのは、哲学研究者としてのそもそもの出発点からであり、その最初の定式化は一八六七年、彼が二八歳の若さでアメリカ文芸科学アカデミーのフェローに選出された際に読み上げられた、哲学上の処女作ともいうべき論文「新しいカテゴリー表について」において発表された。そしてこのテーマを練り上げる作業は、彼が死ぬまでの四〇年以上にわたって続けられた。

カテゴリー表を作成するというアイデアは本来カント哲学に由来するものであるが、彼ははじめから新しいカテゴリー表を作ることを通じて、カントに代わる哲学の新時代の担い手となることを夢みていたのであり、その夢を最後まで抱き続けた。彼はそのために、論理学者としてわれわれの推論のあらゆる局面において、三つのカテゴリーを見つける作業に従事するとともに、それが諸科学のすべての領域で適用可能であるという信念へと向かっていった。「謎への推量」が、こうした科学の論理学者としてのパースの知的絶頂期に書かれたということは、いいかえれば、彼がこの三つのカテゴリーの体系を完成させるはっきりとした見通しをえたということを意味している。すでに見たように、その第二章はそれまでの論理学研究の成果を整理し直そうとしたものであり、それを出発点にして、諸科学の三項性を順番に通覧していって、宇宙の生成の秘密にまで迫ろうというのが、このテキストのテーマなのである。

この未完の書物の第一章「三分法」には、以上のようなカテゴリー論的体系構想の成立のプロセスが次のように説明されている(「謎への推量」の第一章は、目次では「一、二、三」と題されているが、本文では「三分法(Trichotomy)」となっている。もちろん、内容的に変更があるわけではない)。

わたしにとってこれら三つの概念の重要性が最初に痛烈に意識されたのは、論理学研究においてであるが、論理学においてこれらがあまりにもすばらしい役割を果たしたために、わたしは心理学においてもそれを探してみようと思い、そこでも成功を収めると、今度は神経系の生理学においても適用可能なのかどうか、問わずにはいられなくなった。そして、神経系での成功から原形質一般にかんする理論へと自然に導かれた結果、原形質の本性についてのみならず、これらの概念そのものについても教訓にみちた理解をもたらすような、一つの興味深い思弁の小径へと彷徨い込んだように思われたのである。……わたしはこの小径をたっていって、進化論における自然淘汰の領域へと容易にたどり着いたばかりではなく、その地点にいたった以上、物理学の領域での思弁にも否応もなく進んでいった。そしてそこでの大胆な飛躍によって、わたしはさまざまな実のなる美しい示唆に溢れる園に迷い込み、さらに先へと進むことを長いあいだ躊躇するほどであった。しかし、ほどなくしてわたしはさらに探究を進めようと思い立って、これらの三つの観念が、魂、自然、神というもっとも深い問題へと適用できるかどうかを検討した結果、それらが自分を太古の神秘の核心部へと導くにちがいないことを、直ちに見て取ったのである[22]。

「論理学においてこれら三つの概念があまりにもすばらしい役割を果たしたために、わたしは心理学、生理学、原形質一般の理論をへて、興味深い思弁の小径へと彷徨い込んだように思われた」。そして、「物理学の領域での大胆な飛躍によって、さまざまな実のなる美しい示唆に溢れる園に迷い込んだのち、……さらに探究を進めようと思い立って、これらの三つの観念が、魂、自然、神というもっとも深い問題へと適用できるかどうかを検討した結果、それらが自分を太古の神秘の核心部へと導くにちがいないことを、直ちに見て取ったのである」。パースはカテゴリー論の追究に並行して、論理学から宇宙論の構築へといたった道筋をこう述べているが、この記述からは、この道筋の最終的到達点として、「太古の神秘の核心部」への洞察が期待されていたことがうかがえる。

実際には、この洞察に相当するはずの「謎への推量」の最終部「神学における三項性」は、結局書かれるにはいたらなかった。とはいえ、右の文章のある第一章には、すでに、「宇宙の始点、創造主としての神こそが絶対的第一者であり、宇宙の終点、すべてにおいて完全に啓示された神こそが絶対的第二者であり、計測しうる時点すべての瞬間における宇宙の状態が第三のものである」とも述べられており、パースの意識のなかでは、物理的宇宙論の構築と神学的解釈とが重ねあわされたかたちで構想されていたことが知られるのである。

さて、いずれにしても、このテキストの内容はまさに「一、二、三」というカテゴリーが存在論における絶対的に普遍的かつ根本的な概念ないし観念であることを説明するものである。ところで、この章に続く第二章は、形式的論理学の諸概念がすべてこの三分法に即して理解できることを述べたものであるが、それに先行して、三つの概念の普遍性、根本性を打ち立てる第一章のカテゴリー論は、ある意味では論理学よりもなおも基礎的な方法をとらざるをえない。つまり、カテゴリー論はいっさいの個別的科学の領域に先行して構成されなければならないばかりか、具体的な論理学の真理よりも先立って確定されなければならないのである。そのような根本的あるいは究極的な洞察は、どうすれば可能になるのだろうか。存在の究極的な元素を特定するというカテゴリー論の企てについて、まっさきに問題になるのはこの方法論の問題である。

パースはこのテキストではカテゴリー導出の方法について明確に述べていないが、その基本的な方法はさしあたってまず、彼の別のところでの言い方をつかえば、一種の現象学(phenomenology, phaneroscopy)といってよいものである。[23] たとえば、最初の二つのカテゴリー、第一性と第二性は、先の定義につづけて次のように記述されている。

アダムが目を開けた日に彼の目に見えた世界、彼がいっさいの区別を立てる以前の世界——それが第一のものであり、それは現前し、直接的、新鮮、新奇、始発的、原初的、自発的、自由、鮮明、意識的、つかのまに消えてしまうものである。……

第二のものとは、まさしく第一のものなしにはありえないものである。それはわれわれにとって、他者、関係、強制、結果、依存、独立、否定、生起、実在、帰結、というような事実において出会われるのである。……

第二のものの観念は、把握が容易なものであることを認めざるをえない。第一のものの観念は、あまりにも柔らかで華奢なものであるから、それに触れようとすればそれを損なわずにはいない。これにたいして、第二のものははっきりとした固さをもち、手で触ることができる。それはまた、非常に馴染みのものでもある。それは日々われわれに降りかかってくるものであり、人生の教訓の中心をなすものである。若いときには、世界は新鮮で、自分もまた自由であるように思われる。ところが、経験という教育を通じて、われわれは制限、対立、制約、そして第二性一般に馴染んでいくのである。[24]

第一性と第二性――それは生まれたばかりの新鮮で繊細な世界と、堅固な事実が支配する現実の世界との差であるが、パースはこの二つのカテゴリーの差異が、シェイクスピアの『ヴェニスの商人』の、次の一節に例示されているという。以下の台詞は、主人公アントーニオの友人たちが派手な衣装で仮面舞踏会へと向かう場面で、そのうちのひとりの若者が語る言葉である。ドラマは、まだアントーニオの破産もシャイロックの人肉裁判も出てこない、いかにもヴェニスを舞台にした喜劇らしい、明るい場面設定のもとにある。その場面での次の台詞の、前半が第一性、後半が第二性を例示しているというのである。

満艦飾で故郷の港を出ていく船を見ろ、
いい気な若者や放蕩息子そっくりじゃないか――
……
戻ってくるときも放蕩息子そのものときてる、
雨風にやられ船体も帆もボロボロ――[25]

ここで第一性が「満艦飾(scarfed bark)」に譬えられるのは、生まれ出たばかりのアダムの目に映る無数の感じや質(Feeling, Quality)の世界が、まるでマストに飾られたさまざまな色の帆のようだということであり、第二性が「雨風にやられてボロボロ(overweathered and ragged)」だといわれるのは、その後のアダムが生きてはたらいていくなかで出会う、現実のさまざまな作用・反作用の世界を指してのことであろう(そして「放蕩息子」とは、ダンディを気取って破滅へと向かいつつある、パース自身の無意識的な自己認識でもあろう)。これらはいわば、われわれの意識に直接に現れる存在の様相を、現れるがままの姿で表現してみて、そこにある存在論的な区別を捉えようということである。

しかしながら、これら二つのカテゴリーに続く第三のカテゴリーについては、こうした単純な現象学的方法によって捉えることはできない。この概念は、「最初と最後という二つの絶対者の間の断絶を架橋し、それらを関係へともたらすもの」であるが、この存在の様相が第一性と第二性の媒介者であることは、意識に直接にもたらされることではなく、常に反省によって知られる事柄である。

第三性の典型例としては、成長、連続、習慣化などの事象が挙げられる。しかし、たとえば、精神的な事実としての習慣化は、それ自体が直接意識される事柄ではない。また、物の物理的な変化を支配する法則のはたらきも、それ自体としては感覚に与えられる事実ではない。感覚に与えられる事実としては、あくまでも作用にたいする反作用の事実、つまり第二性の事実があるのみである。したがって、第三性はそれ自身が媒介的なものである以上、無媒介的な意識には与えられず、直接的な意識のもつ限界ないし制約の意識として、より高次の意識の場面で現れるのである。

すべての科学には質的な段階と量的な段階(Qualitative and Quantitative stages)がある、としばしばいわれる。その質的な段階とは二分法的区別で十分な段階であり、量的な段階とは、そうした粗雑な区別では満足できず、ある主語において、述語によって示される質が所有されることの条件について、ありうる中間段階を挿入する必要が生じるときに出てくる段階である。古代の機械論では、力ということで、その直接的な帰結としての運動を生み出す原因のことを考えた。……この考えでは動力学を進展させることはできない。ガリレイと彼の後継者たちは、力とはある速度の状態が徐々にもたらされる加速の問題であることを示した。……加速とは運動によって継起する二つの位置の関係としての速度の問題ではなく、三つの位置の関係であり、したがって、新しい理論の導入は第三性の概念の適切な導入によって生じたのである。現代物理学全体はこの観念のうえに打ち立てられている。そして、現代幾何学もまた、古代の幾何学が躓いた無数のケースについて、それらの間隙を埋めるというしかたで、その優位を示すことができるのである。[26]

ここでパースは、第三性の存在の根拠を質ではなくて量の存在に見いだし、とくに量をめぐる物理学や幾何学の変革のなかに見ようとしているが、この点はいろいろな意味で重要である。というのも、このような観点にこそ、彼の形而上学的宇宙論と数学や物理学との接点が見られるからであり、何よりもこれらから、後に見る彼の存在論における、無限小解析を基礎にした連続性の理論――いわゆる「連続主義」――への方向性がうかがえるからである。つまり、形式的な論理学に先行する彼のカテゴリー論は、その素朴なかたちでは、意識の直接的な事実に訴えることによって成立する理論であるように見えながら、実際にはこの意識の事実をモデル化するために、幾何学や数学に訴える必要があると考えるのであり、しかもその数学の本質として、微積分法やそれ以上に抽象的な連続性の研究を中心におくということを標榜しているのである。

パースのカテゴリー論が高度な抽象によって可能になるというこの点の重要性は、この理論のもう一つの柱となる主張を考察すれば、さらに明確に理解されるであろう。いうまでもなくこの理論の出発点は、あらゆる存在に汎通的にあてはまるカテゴリーとして、「一、二、三」あるいは「第一性、第二性、第三性」というものがある、ということである。しかし、パースのカテゴリー論の基本テーゼは、これらの三種類の存在論的要素の措定に尽きるものではない。むしろそのより積極的な主張は、存在一般の種類としてはこれで十分であって、これ以上の多項的存在はこの三つのカテゴリーの組み合わせに「還元」できる、という点にある(この主張がいわゆる「パースの還元テーゼ(Reduction Thesis)」である)。

パースは単に三種類の存在の「元素」を特定するだけでなく、その十分性を何らかのしかたで証明しなければならない。つまり、存在論上のカテゴリーにはどうしても三つのものが必要であるが、第四、第五のカテゴリーのようなものは不要であることを示さなければならない。しかし、カテゴリーの特定を現象学的な意識の事実に訴えているかぎりでは、そうした証明はどこまでいっても不可能であろう。というのも、証明のためには何らかのしかたでのカテゴリーの対象化と、それにたいする推論による操作とが必要なはずであるが、すでに見たように、端的な第一性自体は触れることもできないものであり、それに推論を施すこともできないからである。したがって、カテゴリー間の還元を論じるような、抽象的なモデルとして、どうしても何らかの数学的・幾何学的な道具立てが必要とされる。その道具立ては、形式的な論理学に先行するという意味で、それ自身でそれらの推論の形式の基礎的枠組みを提供できるようなものでなければならない。しかも、それと同時に、カテゴリーの数的関係を論じるために、何らかのしかたでその値は算術的に計算可能でもあるような、そうした道具立てでもなければならない。そのようなモデルが、「現代幾何学のもつ優位性」において与えられることがあるだろうか――。このカテゴリー論構想の成否は、もっぱらこうした形式的方法の案出の可否にかかっているといえるであろう。

さて、ここで以上のようなカテゴリー論から出発した「謎への推量」の第七章、われわれにとっての主要な関心事である宇宙論を論じた「物理学における三項性」へと目を転じてみると、この章の冒頭には、次のように書かれている。

> 形而上学的な哲学とは、ほとんど幾何学から生まれた子供と呼ぶことができそうなものである。初期ギリシア哲学の三つの学派のうち、イオニア派とピュタゴラス派の二つに属する哲学者はすべて幾何学者であったし、エレア派の人々の幾何学への興味もしばしば伝えられている。……形而上学の可能性は、第一原理からの厳密な演繹という考えに大幅に依存している。そして、形而上学のこの考えと、公理から演繹が行われるプロセスについての考えとは、いずれもその生みの親である幾何学の面影を残している。カントが正しく見抜いたように、何らかの形而上学が可能

であるという確信は、どの時代にあっても、同じ形式をもった幾何学という科学の例があるために、保持することができたのである。

したがって、われわれの時代の数学者たちが、幾何学の公理の絶対的な厳密性という考えにかんして、無条件降伏を受諾したという事実は、哲学の歴史にとってもけっして些細な出来事ではない。……幾何学的公理の絶対的な厳密性は崩壊してしまった。それゆえ、幾何学にたいする形而上学の依存ということを考えると、形而上学的な公理にたいする同様の信頼も、幾何学における信仰の後についていって、絶滅した信仰箇条の墓場へと向かう必要があるだろう。この場合、最初に退陣すべき信仰箇条は、宇宙のいっさいの出来事は不可侵の法則に従ったかたちで、原因によって正確に規定されている、という命題である。われわれはこのことが絶対に厳密だと考えるべき、いかなる理由ももたないのである。[27]

宇宙論へのイントロダクションとして書かれたこの文章でパースが論じているのは、形而上学的思弁と幾何学との密接な関係についてであるが、議論の要点は、まさにこの密接な関係ゆえに、数学における大変革が哲学や宇宙論を巻き添えにして、哲学においても大きな変動を引き起こさざるをえない、ということにある。そして、ここでいわれる一九世紀の哲学が直面せざるをえなかった困惑ないし混乱とは、それまでの二千年の歴史を通じて疑われることのなかったユークリッド幾何学の公理の絶対性の崩壊という事態である。彼はこの事態を受けて数学の世界で生じた、複数の非ユークリッド幾何学の可能性の追究と数学的公理の相対化という運動が、形而上学における原理の絶対性への震撼にもつながっているということを、まず指摘しようとしているのである。

つまり、パースによれば「宇宙のいっさいの出来事は不可侵の法則に従ったかたちで、原因によって正確に規定されている」という一大原理が、その「正確な規定」という概念の崩壊によって、揺るがされることになった、というわけである。これは、彼の宇宙論の柱となる主張のうち、「連続主義」と並んで重要性をもつ「偶然主義」の主張である。偶然主義とは「必然論」の否定であり、必然論とはすなわち、ラプラスに代表されるようなニュートン力学的世界像の依拠する、「いっさいの出来事には特定の原因があり、いかなる出来事もその原因によって厳密かつ正確に規定されたかたちで生じている」という思想である。これにたいして偶然主義は、「世界のなかには純然たる偶然が作用する余地がある」ということを主張する思想である。パースは一九世紀の後半にさまざまなかたちで噴き出したこの偶然主義の立て役者のひとりとして、必然論が「絶滅した信仰箇条の墓場」へと向かう必要があることを宣告する。彼はこの思想の出現とユークリッド幾何学の絶対性への疑問視とは、哲学史上の一つの革命の両面として、深く結びついているというのである。

ところで、このユークリッド幾何学の絶対性の崩壊ということは、一方で哲学の危機をもたらしているが、他方では同時に、新しい哲学の可能性の地平をも開いている。というのも、ユークリッド幾何学の絶対性の崩壊は、非ユークリッド幾何学の成立とあいまって、数学の相対性という考えを生むとともに、その多元的数学観のゆえに、さまざまな革新的な探究の可能性の地平を開いたからであり、この探究の可能性は形而上学的哲学の新しい主題にも直結しているからである。それゆえ、幾何学の大変革は哲学にとって否定的な意味のみをもつものではない。そこには数学による哲学の新しいツールの提供への途が開けているのである。

たとえば、幾何学の変革がもたらす哲学への寄与の一つとして、空間にかんする自然哲学的考察の要請ということがある。ユークリッド幾何学や複数の非ユークリッド幾何学が考えられるとすると、われわれがそのうちに存在し、刻一刻知覚しているところのこの現実空間が、ユークリッド幾何学の適用される空間であることは、アプリオリには主張できなくなる。それでは、われわれのこの現実宇宙の空間は、はたしてどの幾何学に従った空間なのか——幾何学の多元化はそれまで思考不可能であったこのような問題を生み出す効果をもつ。

パースはこの問題を『モニスト』シリーズの第一論文「理論の建築物」で論じており、そこで空間の形式的構造にかんして、次のような三つの可能性を考えたうえで、それが宇宙論の基本問題であることを確認すると同時に、この問題を経験的・実験的に検証していく必要があることを指摘している。左のテキストから直ちに見て取れるように、ここでパースは計測をめぐる新しい数学上のパースペクティヴが、宇宙の時間や空間についての複数の可能性を開くとして、その経験的な検証の重要性を指摘しているが、この主題は、宇宙の膨張のプロセスのさまざまな可能性の検証というようなかたちで、現代においても、異なったしかたではあるが熱心に追究されつづけている問題である。われわれはこのテキストを読むと、一九世紀後半の科学理論として見た場合の、彼の宇宙論的探究の視座の新しさを確認できるとともに、その問題意識の現代との連続性についても強く印象づけられずにはいないであろう。彼は以下の問題が「これからの百年の間に、われわれの孫の世代に」解決を見るであろうとしているが、それはまさに今日のわれわれの時代のことだからである。

計測(measurement)にかんする現代の考えは哲学的な側面をもっている。一本の線に沿って計測する方法は無限にある。……しかし、何らかの特定の定規の連続的移動によってその線に沿った計測が行われるときには、それがいかなる定規であれ、その定規の目盛りのどの数によっても到達できない点が二つあることになる。このような計測によっては到達できない二点は、絶対的なもの(the Absolute)と呼ばれる。これらの二点は独立した実在点であるかもしれず、一つに合致している点かもしれず、仮想的な虚点であるかもしれない。二つの絶対値をもった一次量の例としては、確率が挙げられる。……他方、角度は、測定不可能な値が実数とならない例である。哲学が考察しなければならない問題の一つは、宇宙の展開がこの角度の増加に似ており、到達できない何ものかに向かって永遠に進行していくものなのか――わたしはこれがエピクロスの考えであると思う――、それとも宇宙は無限の過去にカオスから躍り出て、無限の未来における原初のカオスとは異なったものへと向かっているのか、それとも宇宙は過去において無から生まれ、無限の未来へと無限に進んでいるものなのか、という問題である。三番目の場合には、宇宙が向かうその無限の未来は、それが出発したものと同じ無ということになる。

絶対的なものについてのこの思想を、空間のほうに適用すると、空間は次のいずれかであるということになる。

第一に、空間はユークリッドが教えているように、限界をもたず(unlimited)かつ無限大(immeasurable)である。この場合には、平面に属する無限遠方の部分を透視図的に見ると直線に見え、三角形の内角の和は一八〇度となる。

第二に、空間は無限大であるが、限界をもっている。この場合には、平面に属する無限遠方の部分を透視図的に見ると円に見え、三角形の内角の和は、その面積に比例したしかたで一八〇度以下となる。

第三に、空間は限界をもたないが、有限の大きさ(finite)であり(ちょうど球面のように)、したがって無限遠方の部分をもたず、直線に沿ったいかなる有限の移動も元の場所に帰ってくるので、遮るものがないところで遠方を見れば、自分自身の背面を極端に拡大して見ることになる。この場合には、三角形の内角の和は、その面積に比例したしかたで一八〇度以上となる。

これらの三つの仮説のうち、正しいのはどれなのか、われわれはまだ知らない。われわれが現在測定可能な最大の三角形は、地球の軌道の直径を底辺にして、恒星までの距離を高さにした三角形であり、その内角の和と一八〇度との差を視差と呼んでいるが、今まで観測された視差は四〇個ほどの恒星についてのみである。……わたしが考えるには、もっとも遠方の星の視差も、−0.″05と+0.″15の間であろうと確信してよいと思われる。また、これからの百年の間に、われわれの孫の世代が、この空間の三角形の内角の和について一八〇度以上なのか以下なのかを知ることは、確実である。(28)

さて、非ユークリッド幾何学の登場によって意味のある問題になった、現実空間がいかなる幾何学に従っているのかという問題は、科学的な探究としてあらゆる知識の動員を必要とするような、きわめて刺激的な問題である。しかし、非ユークリッド幾何学の出現は同時に、こうした経験的問題とは別の問題関心をも喚び起こした。それは、複数の幾何学を共通の観点から分析できる、より抽象的で、より高度な意味で一般的であるような、新しい幾何学の方法の可能性ということである。この時代にそうしたより抽象的な観点から遂行される幾何学として脚光を浴びたのは、いわゆる「射影幾何学」や「トポロジー(位相幾何学)」であるが、この考えの一端は、右の引用のなかでも三種類の空間の区別の方法として言及されている。

パースはこれらの新しい幾何学を父の業績によって学び、さらには彼自身がひとりの数学者として、その推進に一役買うことになった。[29] そして彼は、この方向を追究することでカテゴリー論や形式的演繹推論に利用できるような、ある種のグラフ理論が構築しうることを見抜くこともできた。彼がそのカテゴリー論、とくに「還元可能性のテーゼ」の証明において最終的に依拠しようとするのは、特殊なタイプのグラフ理論であり、彼はこの証明によって、数学的形式性を備えた形而上学的体系というヴィジョンが、単なる理念やアイデアに終わらない、説得力をもった主張へと脱皮することができると考えた。この理論によってその還元可能性テーゼが証明できるゆえに、彼にとっては、まさしく「形而上学的哲学は幾何学から生まれた子供であると呼ばれてもよい」と考えられたのである。

したがって、幾何学の複数化、相対化を通じて、たしかに形而上学的思弁の体系的確実性は崩壊せざるをえなくなった。しかしそのことは必ずしも形而上学の不可能性を意味するわけではなかった。むしろ絶対的な確実性を主張しなくとも、幾何学的な洞察に導かれた新しい思弁のスタイルを考えることができる。それは幾何学の抽象化の方向に沿って、世界の存在一般の「元素」を新たに特定し直してみる試みである。パースの宇宙論を導くはずの形式的な思考の役割は、結局のところ、おおよそこのような想定のもとで追究されることになったのであり、そのために、抽象的な数学のさらなる抽象化ということが、論理学の形式的基礎づけという動機とあいまって、徹底して求められることになったのである。

それでは、射影幾何学や位相幾何学はいかにしてカテゴリー論を導き、支えることができるのか。ここではこの思想の奥行きに見合うような形式上の詳細を展開することはできないが、少なくともその骨格だけは何としても理解しておく必要があるであろう。以下、あくまでも彼の哲学の理解に必要な最小限度の情報として、このテーマの輪郭だけを記しておく。説明は簡単かつ無味乾燥なものになるが、それは事柄がしからしめることとして、理解していただけるであろう。

まず、左のような図を見てみよう(図1)。図は複雑な十本の線からできているが、これは射影幾何学では「デザルグの定理」あるいは「十本線の定理」として知られている、一つの定理を示す図である(デザルグはデカルトと同時代のフランスの建築家、数学者であり、射影幾何学の祖と呼ばれる)。この図のなかのどれか二つの三角形(六本線)を取り出したとき、それら二組の三つの頂点どうしを結んだ線(三本線)が、一つの点で交わるとする。このとき、各頂点に向かい合った辺を延長した線同士の交点を作ると三つの点ができるが、これら三点は一直線上に並ぶことになる(十番目の線)。(たとえば、ABCとDEFを取り出すと、AとD、BとE、CとFを結んだ線は、Gという一点で交わる。このとき、Aに向かい合った辺BCと、Dに向かい合った辺EFの延長線同士の交点としてHができ、

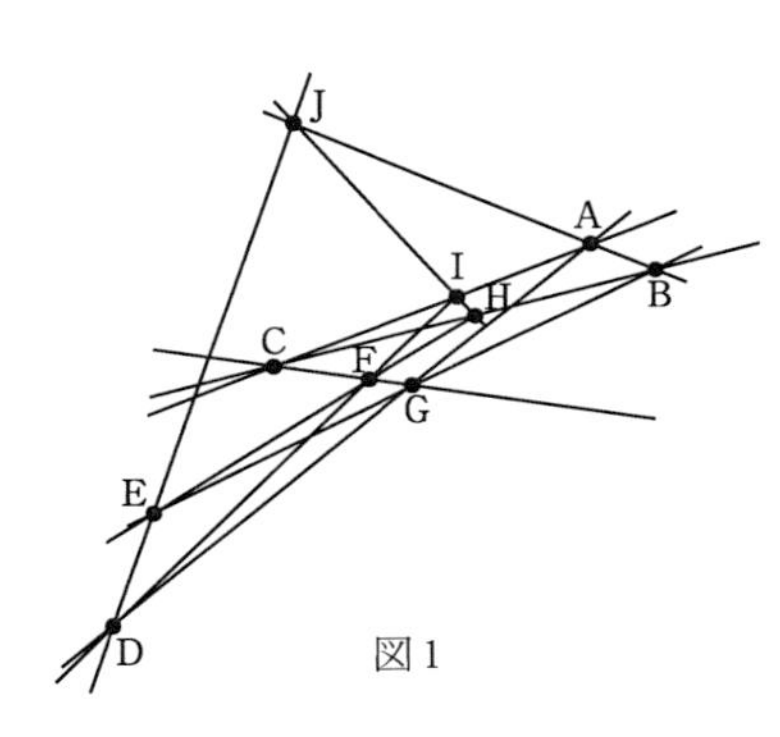

図1

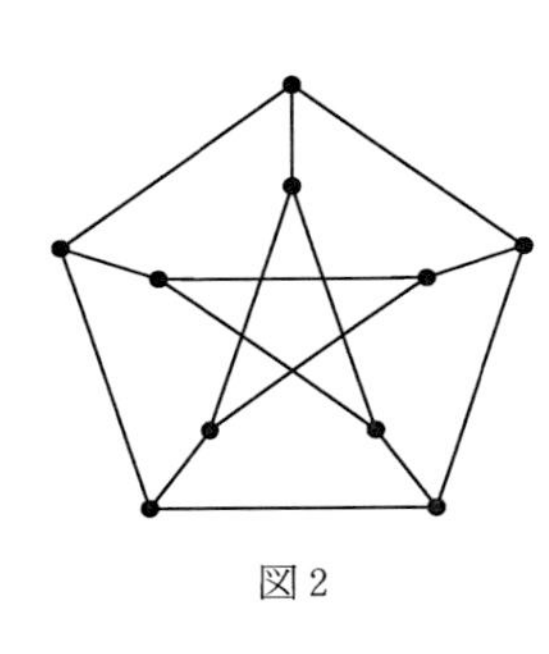
図2

同様にして他の二組の頂点についても交点IとJができるが、H、I、Jは一直線上に並ぶことになる)。こうした特性をもつ二つの三角形の組み合わせは、この図において九通り成立している。この図のなかの直線を光線のようなものと考えると、一直線に並ぶ点は、それぞれの光線の組み合わせが直線上に射影されたものである、と考えることができる。つまり、ここでは光線の交わりについての透視図的な関係が示されるのである。(30)

ここで、この定理を今度は光線のほうを点で表して、それらが作る交点のほうを線で表すと、上のような抽象的な関係が表示できる。これはデザルグの定理を抽象的な幾何学の観点から分析し直したものであり、一九世紀イギリスの弁護士、数学者アルフレッド・ケンペが考案した図である(図2)。

ケンペはこの図(グラフ)をもとにして、射影幾何学空間を構成するのは、このグラフを作る点と線の二つであることを主張した。これはつまり、ふつうの空間を射影関係によって抽象してできる空間を構成するのは、二つのカテゴリーであるということである。パースはこの考えの革新性を非常に高く評価したが、その結論には反対した。彼にとっては射影空間を抽象的に表記するには、三つの要素

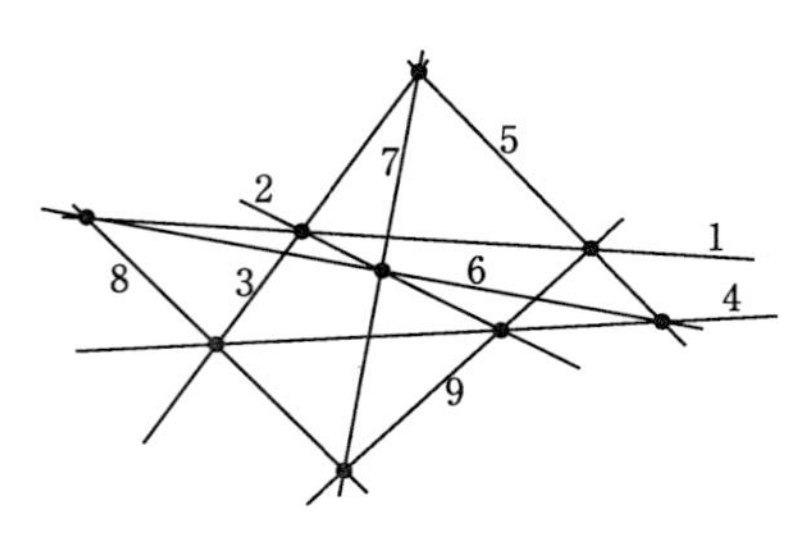

図3

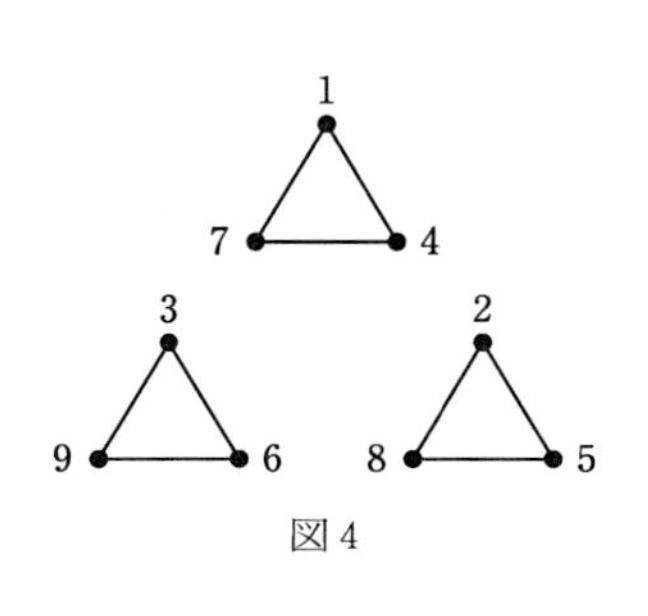

図4

が必要であり、したがって、世界は三つのカテゴリーからなるのである。たとえば、上の九線からなる図を考えると(図3)、先の十線と同じような結果が得られる。

ところが、ここでの三線の交点を表記するためには、どうしても上のような三角形が必要であり(図4)、ケンペのように二種類の記号からなるグラフでは表記できないのである。

パースのカテゴリー論の幾何学的な基礎づけというのは、以上のような「グラフを用いた結合の形式の分析」という着想を応用したものである。実際には先の十線や九線の図形の問題だけでは、カテゴリーは二つでは不十分であり三つが必要である、ということを示しているにすぎない。重要なのは、何度か指摘したように、いかにしてカテゴリーの相互独立と還元可能性の両方を証明するのか、という問題である。ここではこの問題について、最後に、この理論のもっとも基礎的な骨格をなす「価数分析(Valency Analysis)」というアイデアを使って、本当にさわりとなる部分だけを説明しておくことにする。(31)

まず最初に、「稲妻が走る」「雨が庭石を打つ」「光が草に栄養を与える」というような命題を考える。最初の命題は、「……は走る」という単項関係を表す文、つまり第一性を示す文である。第二のものは、

「……が……を打つ」という二項関係を表す文、つまり第二性を示す文である。第三のものは、「……が……に……を与える」という三項関係を表す文、つまり第三性を示す文である。これらの「……」を使った文は、元の文から見れば、関係し合う項、つまり関係項を抽象化して、一般化した文である。

ここで、たとえば第二の文を例にとって、この二項関係をさらに一般化する図を作ることを考える。そのために、関係そのもの(「打つ」という関係)を黒点で表し、この関係のもとにある関係項(「雨」「庭石」などに相当するもの)を線で表す。そうすると二項関係を表す上のような図(グラフ)ができる(図5)。

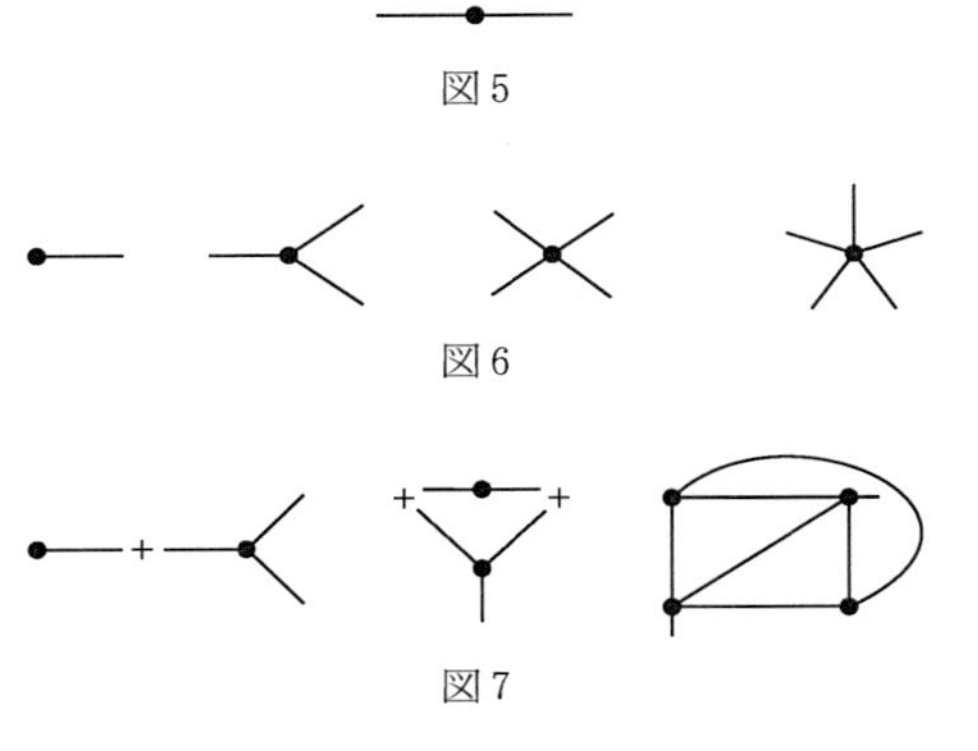
図5

図6

図7

同様にして、単項、三項、四項、五項からなる関係は上のようなグラフで表記される(図6)。このとき、それぞれのグラフで中心の関係から出ている線の数が、そのグラフの「価数」であるといわれる。

ところで、このグラフでは黒点が関係を表し、そこから出る線は腕のようなものであるが、腕の先には「空いた手」「ルースエンド」があるので、ルースエンド同士は結びつくことができる(正確には、価数とは、この空いた手をもつ腕の数のことであり、他の関係とも結びついた線は価数に数えられない)。この結びつきは二つのルースエンド同士のみで生じ、それ以外のしかたでは生じることができない。たとえば、上の図(図7)

のような例が、グラフどうしの結びつきの例である(左側の二つの図では、結びつきの箇所が明らかになるように、+記号を加えてある。右側のものはこれを省いて、一つのグラフにしてある)。

グラフ同士の結合にかんするこの規則に従えば、単項から五項関係までを表した先の四つのグラフには、もともと合計して13のルースエンドがあるが、それらの先端同士が結びつけば、全体として一つのグラフができ上がり、そのルースエンドは13ではなく3になる。この結合の規則によれば、一般にいくつかのグラフを結合してできる全体のグラフの価数は、結合をもたない当初のグラフの価数を総計して、そこから結合の数の二倍を引いた数になるはずである。

ところで、グラフをいくつか結合してできる複合グラフの価数が、この計算によってえられるのだとすると、奇数の価数をもつ複合グラフは偶数の価数のグラフからは形成できないことが導かれる。というのも、結合前のグラフの価数の総計が偶数で、そこから偶数を引いた数が奇数になるということは、不可能であるからである。したがって、価数3のグラフを価数2のグラフだけから作ることはできないことになる。

さらに、この結合の規則に従えば、価数1のグラフをさらに基本的な要素グラフに分解することはできない、ということも帰結する。というのも、価数1と価数1のグラフは価数0のグラフを生むが、価数0のグラフは結合するルースエンドをもたないので、何かを生み出すことはないからである。価数2のグラフと価数1のグラフは価数1のグラフを作る。価数2のグラフと価数2のグラフが結合すれば、価数2のグラフができる。価数3のグラフ二つが二カ所の結合をもてば価数2のグラフを作る。価数3のグラフ三つが三カ所の結合をもてば価数3のグラフを作る。そして、価数3のグラフ二つが一カ所の結合だけをもてば価数4のグラフができる。4以上の価数Nのグラフは、同じやりかたで、N－2個の価数3のグラフで作られる。

このような価数分析の考えを算術で書くと、次のような不思議な算術が成立する。

1＋1＝0
1＋2＝1
2＋2＝2
3＋1＝2
3＋2＝3
3＋3＝4
3＋3＋3＝5

Nが4以上のとき、この算術の一般的な式は次のように与えられる。

(N－2)×3＝N

この価数分析が、パースのカテゴリー論の主張、すなわち三つのカテゴリーが必要であり、かつ十分であるという主張を、見事に証明していることが理解できるであろう――。

グラフの価数とは関係のもつ関係項の数である。世界のうちなる関係には、単項、二項、三項関係が、それぞれ独立の関係として存在する必要がある。しかし、三項以上の関係は三項関係の結合によって自由に作り出すことができる。したがって、世界はまさしく三種類の関係からできていると考えられるのである(正確にいえば、単項関係は「関係」ではなく、それゆえにカテゴリーは「概念」ないし「観念」であり、それは「第一性」「第二性」のような抽象的な名称で呼ばれることになるのである)。

宇宙の元素としてのカテゴリーを支配する算術的規則――これこそが「宇宙のなかの数学(The Mathematics in the Cosmos)」にほかならない[32]。そして、存在者一般は数からできており、その間の関係を規定しているのは宇宙の数学である――これは一般に古くから古代のピュタゴラスに帰属させられてきた考えである。

パースは(「謎への推量」や『モニスト』シリーズよりさらに後のことになるが)、一九〇〇年以降、以上のような自分の考えを、しばしば「新ピュタゴラス主義(Cenopythagoreanism)」と呼ぶようになる。新ピュタゴラス主義とは、「普遍的カテゴリーは数と結びついており、数によって呼ばれるべきだということを容認する点で、ピュタゴラス主義に類似する思想の立場である」とされる(パースによって書かれた『センチュリー百科事典』での定義)。カドワースやエマソンはプラトン主義を標榜しながらも、その実体は一種の「新プラトン主義」に属するものであった。パースにとっては彼らとの違いを強調するためにも、最終的に「新ピュタゴラス主義」という新奇な言葉を作る必要があったのである[33]。

第三章　連続性とアガペー
——宇宙進化の論理——

1　進化論的宇宙論の中心課題

宇宙は三つのカテゴリーの、ありとあらゆる組み合わせで満ちている。「宇宙のなかの数学」は極大の世界にも極微の世界にも、くまなく浸透していて、存在のいかなる断片を取り上げても、そこには一、二、三という観念が見いだされる。

宇宙とはその広大無辺なすべての領域と時間とを貫いて、三つのカテゴリー的元素が組み合わさって、万華鏡のようにさまざまな様相のタピストリーを現出させつづけている、目くるめくような壮麗なワルツの世界である——。これが現象学とグラフ理論から導き出された、パースの形式的な存在論であった。

われわれはこの存在論の導出において、きわめて斬新な数学的思考が深くかかわっていることを確かめた。しかしながら、この存在論はあくまでも、論理以前の世界について無時間的な観点からなされた構造分析の要約である。このカテゴリー論はこのままの姿では、論理学を含むあらゆる存在領域に汎通的にあてはまる形式的特性について、数学的な洞察を手引きにして素描したものにすぎない。

それはいわば極端に簡単な形式だけからなる、もっともミニマムな骨格の存在論である。そこにはいかなる星も月も存在せず、物質も精神もない。いわんや鉱物や水の結晶も、あらゆる生命体も存在しない。それはただの裸の存在者が存在するかぎりでの、およそ考えられるもっとも透明な世界ではあるが、同時にもっとも貧困なる世界である。

われわれはいまや、この最高度に抽象的な地平から出発しながら、宇宙全体のあらゆる種類の存在者を念頭におき、その創成と進行の論理を解きあかす、進化論的な宇宙論へと進まなければならないのである。いわば、「宇宙のなかの数学」のレベルに留まらず、この数学を体現している森羅万象の変化と運動の論理へと向かわなければならない。つまり、まったくの抽象的な数学の世界から、もっとも多様性に富んだ世界へと理論的にワープしなければならないのである。そうであるとすると、純粋形式の世界から実質的な宇宙の描像へのこのような大規模な転換は、どうやって可能になるのだろうか。そして、単に進化論的宇宙論のみならず、さらにその奥にあって、無限の地平へと広がっているであろう、現実のこの宇宙を包み込む無数の多宇宙のヴィジョンへと向かうためには、この先に、どのようなさらなる思弁の飛躍や思考の転回が必要とされるのであろうか——。これは、純粋な論理学を基礎にして立てられた存在論が、具体的な形而上学へと進もうとするときに、つねに取り組まなければならない哲学上の難問である。

さて、パースの場合、カテゴリー論から宇宙論へのこの進展の道筋は、実際にはわれわれが前章ですでに見た、「謎への推量」のテキストの目次構成によって示されている。そこに見られる第一章の「一、二、三」から、第二章の「推論における三項性」、それに続く形而上学、心理学、生理学、生物学、そして最後に物理学、というこのテキストの構成は、パースの頭の中では、それ自体が一つの学の体系をなしていて、各研究領域の階層的関係そのものが、いわば抽象的なものから具体的なものへの思考の運動を表している。したがって、カテゴリー論から宇宙論への道筋をしっかりとたどるには、まず、この構成に沿ってそのステップの進行を順番に追えばよいことになる。

とはいえ、パースの宇宙論の実質的な内容に進まなければならないわれわれにとっては、残念ながらこの学の体系の構造を丹念に追っていく余裕はない。また、心理学、生理学等を順番に追っていくことは、一九世紀後半の諸科学の概観としては興味ぶかいものの、かえって宇宙論の主題の焦点をくらませることにもなるであろう。そこで、ここではとりあえず、本書の冒頭のプロローグでも触れた、パースの宇宙論のもっとも概略的なスケッチをもう一度読み返すことによって、そこからカテゴリー論と進化論的宇宙論との関係についてのおおよその見取図をまず了解する、ということにしてみよう。

冒頭でも引用した次のテキストは、「謎への推量」とほぼ同時期に書かれた「一、二、三。カント的カテゴリー」からの引用である。この文章では、カテゴリーと宇宙の進化の結びつきについては特別の注意も払われることなく、ごくあっさりと触れられている。これは「謎への推量」のいわば下書きのようなものであるが、パースの宇宙論のもっとも単純化された説明として役に立つので、ここでもう一度引用して、その内容を確認しておく。

> われわれは自然のうちに、絶対的な偶然、遊び、自発性、独創性、自由の要素が存在すると想定しなければならない。われわれはまた、こうした要素が過去の時代には、現在よりもずっと目立

ったものであり、現在のような法則へのほとんど厳密な順応ということは、徐々にもたらされたものだということも、想定しなければならない。……したがって、宇宙がほとんど偶然だけの状態から、ほとんど完璧な法則による決定へとこのように進行したのであるとすると、われわれは事物のうちに、より確定的な性質をとろうとする原初的で要素的な傾向、習慣をもとうとする原初的で初歩的な傾向が存在すると想定しなければならない。これは、第一の、そして原初的な出来事を生み出す偶然と、出来事の継起、第二のものを生み出す法則とのあいだにあって、それらを媒介する、第三の要素である。この習慣形成の傾向は、それ自身徐々に進化したものでなければならない。……かくしてここには、合理的な物理的仮説が提示されたことになるが、この仮説はいっさいを説明するのであり、あるいは純粋な原初性そのもの以外の宇宙のうちなるいっさいの事柄を説明するのである。(1)

「宇宙のなかの数学」は、世界のうちに、第一のもの、すなわち偶然と、第二のもの、すなわち事実とその法則と、第三のもの、すなわち成長、習慣化、進化が存在するといっていた。ところが、これら三つの根本的な形式の関係は、右のテキストからも見てとれるように、第一のものから第二のものが生じ、第二のものから第三のものが生じるというような、時間的な順序に従った生成的関係を表しているわけではない。たしかに、第一のものはいっさいのものの出発点にあるという意味で、あらゆる生成変化の源に位置する。その限りで、第一のものはどこまでいっても第一のものであり、始源である。しかしながら、第二のものは第三のものによってはじめて具体的に成立する限りで、むしろ生成の秩序からいえば、第三のものに後続した存在である。そして、宇宙が進化し、究極的原初の偶然と混沌の世界から出発して、あらゆる種類の成長をへて、最後に究極的終局を迎えるとき、世界の姿は第一性の根本的混沌と対比される、絶対的な体系性を示すことになるとされている。その世界は第一性が絶滅し、第二性によって徹底的に支配された世界である。

それゆえ、この宇宙像のもとでの世界は、大局的には第一性のみの世界から第二性のみの世界へと進んでいくのであり、その大規模な進行の過程全体を駆動し、展開させていく宇宙のエレメントが第三性なのである。いいかえれば、宇宙論の実質とは、第一性のみからなる世界から、どのようにして第三性が生じ、そのはたらきの成長に伴い、いかにして第二性の支配もまた成長していくか、という議論であるということになる。あるいは、別のいいかたをすると、第一性のみが存在する世界から、規則的な第二性の生起を支える契機がいかにして生まれ、それがどのようにして発展し、最終的に完成するのか、ということを論じるのである。

さて、カテゴリー論と宇宙論との大雑把な関係をとりあえずこのように簡単なかたちで押さえてみると、これから考察していく宇宙論に独自な探究の視点というものが、おぼろげながら浮かび上がってくるであろう。それは、宇宙論がカテゴリーの生成の構造を明らかにする、という視点である。前章で見たような形式的な存在論は、そこで明らかにされた存在の元素の存在理由を根拠づけることはない。この存在論によっては、三つのカテゴリーが「なぜ」存在するのかは、「説明」されない。カテゴリー論が解明するのは、万物が何からなっており、何からできていなければならないか、ということであって、それがどうしてそうなったのか、なぜこれらが存在しなければならなくなったのかという問題ではない。カテゴリー論は現象を分解しはするが、説明はしない。これにたいして、この問題を説明し、いっさいの事実の由来を合理的に理解可能なものにするのが自然学であり、物理学であり、宇宙論なのである。

ただし、そうはいっても、宇宙論もまた他方で、カテゴリーの存在理由のすべてを説明するわけではない。先の引用の最後にも触れられているように、第一性としての質の存在は、それがまさしく何の必然性もなく偶然に、自発的に、自然発生的に存在する以上、その存在理由を問うことができない。その存在の理由や原因を問うことができず、いっさいの合理的説明の埒外にあるということが、とりもなおさずアダムが最初に目を開いたときに見いだしたであろう世界にほかならない、この第一性の特権である。その意味で、宇宙論の仮説は、「純粋な原初性」を「説明」することはできないのである(もちろん、その特徴について「推量」し、その性質を「理解」しようとはするのではあるが)。

これにたいして、もっとも説明を必要とするのは、第二性としての事実を支配する法則の存在である。ここであらかじめ多少とも乱暴にいいきってしまえば、パースの宇宙論は何よりもまず、この自然界に見られる法則の存在理由を説明するために構想されたものであるといってもよい。彼によれば、あらゆる不規則性、偶然、混乱、無秩序は、その存在にいかなる不思議も驚きも伴わない。何かが雑然と存在することには興味をひかれるところがない。それはただそこにある。それは端的な、裸の事実そのものであり、われわれに格別の説明を要求するものではない。これにたいして、何かが規則立って成立しているとすれば、そこにはその規則の成立の理由が問われなければならない。なぜ混乱ではなく秩序があり、無軌道ではなく規則性、法則性があるのか。そしてなぜわれわれの生きるこの世界は、かくも整合的な規則のネットワークのもとに現れているのか。これはとりもなおさず、なぜカオスではなくコスモスがあるのか、ということであり、大きく見れば、なぜコスモスとしての宇宙があるのかという問題である。それゆえ、哲学的宇宙論においてこの問いが中心を占めるのは、宇宙という概念の内実からして、いわば当然である。パースにとっても、これこそが自然哲学の根本問題であり、スフィンクスの謎の核心にある問いである。そして彼にとっては、進化論的宇宙論こそこの問いへの唯一の可能な答えとして、自ずから説得力を獲得するものとされるのである。

進化論的宇宙論が法則的自然の存在理由を与える、というこの考えの骨格は、おおよそ次のような議論からできている。(2)

世界のなかに生じるいっさいの出来事がそれぞれ原因をもち、特定の法則の支配のもとにあるように見えるのはなぜなのだろうか――。世界の全事象は実際に完全な法則的支配のもとに進行しているのであろうか――。このような問いにたいして、人は当然のことながら、アプリオリな論証かアポステリオリな説明かの、いずれかの方法によって答えようとするであろう。すなわち、経験をまたずに何らかの形而上学的原理に依拠して、因果法則の普遍的妥当性を主張するか、あるいは特定の経験的証拠にもとづいて、一般因果律の根拠を説明するかの、いずれかの途をとるであろう。

しかしながら、ユークリッド幾何学の普遍的妥当性の崩壊が先に示唆していたように、物理法則にかんしてもその厳密な意味での普遍的な支配は、すでに経験的な観点から反駁されているといってよい。というのも、熱力学や電磁気学の発展によって、物理学の世界でもミクロのレベルでは決定論的世界像は崩壊しており、物理現象の非決定性は承認済みの事実であるからである。したがって、一般因果律のアプリオリな証明は無意味な企てということになる。

他方、世界における諸現象の法則的支配の根拠や理由を、経験的な観点から、何らかの法則に依拠して説明しようとする試みも、けっして有効なものとは考えられない。というのも、そうしたアポステリオリな説明は、諸法則の存在根拠を何らかの特定の法則にもとづいて説明することであり、いうまでもなくその説明は循環的な性格のものとなるからである。

したがって、世界のうちなる法則性の存在を説明しようとする哲学的な試みはディレンマに直面することになるが、このディレンマを抜け出る途は、まさにいま参照したばかりの熱力学や電磁気学の発見の背後にある論理を応用して、ミクロのレベルでの非決定性がマクロのレベルでの法則的現象を生み出すメカニズムに注目することにある。すなわち、法則の成立を無数の非法則的事象の積み重ねから生じる確率統計的な出来事として理解するのである。この観点を採用すれば、さまざまな不規則的事象の進展が同時に進化論的な発展の形式をとり、その結果としてより斉一的な世界が現出してくる理由が理解できる。それは確率的なゲームの世界のアプリオリな論理が、世界の進展において実際に作用し、結果として真の意味での決定論的な法則の世界ではなく、擬似的で近似的な決定論的世界が現出することを説明できるのである。


百万人のプレイヤーがゲーム場に座って公平な賭けのゲームに興じていると想定してみよう。各人は一回に一ドルずつ賭け、それぞれの一回に勝ち負け同等のチャンスをもっているとしよう。……ここで、プレイヤーたちの使っているダイスが時の経過とともにすり減ってきていると想定しよう。……すべてはチャンス(偶然)によって変えられるのであり、ダイスもまたチャンスによって変えられるであろう。そして、われわれはダイスがすり減ることによって、人が一回勝ったびに、そのどの後のゲームでも勝つチャンスは少しずつ増えている、と想定することができるであろう。このことは、最初の百万回の賭けにはほとんど何の変化ももたらさないであろうが、それでも最終的には、プレイヤーたちを二つのグループに分けるという帰結をもたらすことであろう。つまり、得した者と損した者の二つのグループが形成されてくることになり、得も損もしなかったというような者は、まったくいないか、いたとしてもほんの少ししかいないことになるであろう。二つのクラスは互いに分離し合うのであり、それもどんどん大きく分離し、どんどん速く分離するようになるのである。(3)

この議論は、世界のうちなる法則的支配の成立の根拠を、「ゲーム場に座って公平な賭けのゲームに興じる百万人のプレイヤー」のゲームの継起の結果と見る議論であり、大数(large number)からなる個体の変動的振舞いの重なり合いから、安定した統計的規則性が生まれるという、確率・統計的思考法を応用した議論である。これは、自然法則の成立の理由を論じたさまざまな哲学的議論のなかでも、哲学史上きわめてユニークな地位を占めるものであり、明らかにカオスから秩序が生まれるという今日のカオス理論の先駆ともいうべき発想である。このような議論は、一九世紀の確率的な世界理解の発展を背景にしてはじめて可能になったものであり、とりわけパースのような現場の科学的探究の経験者にしてはじめて提出しうる議論であったといえよう。彼はまたこの統計的思考法を、図標的なしかたでも追究することを試みており、たとえば上のような図によって、無数の偶然的な生起の重なりから一般化する傾向にしたがって新しい習慣や規則が形成される論理的過程を、図示することができるといっている(図8)。「いったん一本の線が描かれてそれに少しでも留まるならば、別の線をそのすぐ側に描くことができる。そうするとわれわれの眼はやがて、これらの線の外皮とも言うべき、新しい線が存在することを見て取る」[4]。

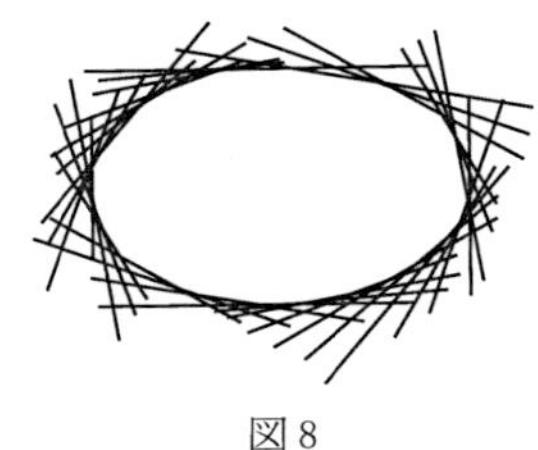

図8

コスモスの生成を、百万人のギャンブラーの振舞いや「宇宙の卵の生成」になぞらえるこの進化論的宇宙論は、無数の偶然の重なり合いがさまざまな規則性を生み出し、そこから大規模な体系的自然が整うということを主張し、さらには、いっさいの自然の規則性には常にわずかながら不規則性が残っており、完全な体系性、規則性はいまだ将来のことに属することを主張している。この思想は前章で見たように、「謎への推量」第七章「物理学における三項性」の出発点となる思想であり、そこで確認したように、その発展形態である『モニスト』シリーズの五論文では、この非決定論の考えは「偶然主義」と呼ばれる根本的な理論的支柱となるのであった。

それゆえ、結局パースにとっても、宇宙論の主要な課題は自然世界の規則性の成立根拠を明らかにすることであり、そのために彼が打ち出した独自な論点が、ミクロの混乱からマクロの安定性へと発展するという視点であり、この考えが彼の進化論的宇宙論のストーリーのもっとも根本的な枠組みを形づくるものであった——これが、カテゴリー論を出発点にして彼の宇宙論の視点を見定めようとした、ここまでの議論のとりあえずの結論である。

しかしながら、改めていうまでもなく、自然世界のなかの規則性を説明するというこのテーマだけでは、それがいかに新しい宇宙論的視点を含むものであったとしても、包括的な自然哲学としては依然としてなおまったく抽象的である。自然のなかには明らかに物質と生命と精神とが存在する。これらは異なった存在の類である。それゆえ、これらはそれぞれ異なった規則性に従っていると考えられる。そしてこれら同士の間にも、さまざまな規則的連関があるのであるから、単なる規則一般の存在の説明がなされるだけでは、宇宙論はそのもっとも粗い輪郭が描かれただけであるというほかはない。

宇宙論は規則一般の「存在理由」だけでなく、その次の課題として、実際の様相について説明しなければならない。とくにさまざまな規則の特異性や関係性について説明することで、宇宙のうちなる構造変化の性格や進化の方向について、一定の見通しを与えることができなければならない。単に「宇宙はカオスからコスモスへと進化する」というだけでは十分ではない。それだけでは、それがいかなる発展形態をもち、いかなるコスモスへ進化するのかを説明できない。したがって、偶然主義が規則一般の存在理由を与えることができるとしても、この思想単独ではこの自然哲学体系の端緒をなすだけであって、その全体の議論を支えきることはできないのである。

さて、パースの宇宙論はまず最初に「謎への推量」で展開されたのであるが、それが本格的な宇宙論として体系化されたのは、『モニスト』論文シリーズにおいてであった。そして、この連続論文で展開される宇宙進化のヴィジョンにおいては、体系的宇宙論を構成する基本的な形而上学的ドクトリンとして、次のような三つの主要な思想が提出されることになった。その三つとは「偶然主義」と「連続主義」と「アガペー主義」の三つであり、偶然主義はこの一個の思弁的な哲学体系の一翼を担うものであることが、はっきりとさせられたのである。

ここで『モニスト』シリーズで語られるこれらの三つの思想について、まずその要点だけを並べて記しておくと、以下の通りになる。左のスケッチからも明らかなように、これらの三つの思想は、それぞれ宇宙の「始まり」と「発展」、そしてその「終局」のモーメントを説明しようとするものである。

「**偶然主義（Tychism）**」　これはすでに見たように、自然世界の諸法則の発達の過程の根本的な源には、世界のもっとも基本的な素材である「感じ」の宇宙があり、この宇宙のなかで、さまざまな第一性が確率的で偶然的な結びつきを演じた結果、そこから時間も空間も、さらにはこの現実世界の諸法則も生まれてきた、という思想である。この思想によれば、われわれが目にする世界の大部分は規則的であるが、その根底には偶然性が存在していて、その痕跡はあらゆるところに残っている以上、世界の規則的性格と呼ばれるものも完全に厳密なものではない。したがって、われわれの世界のあらゆる局面には、不確定的で曖昧な部分が残っており、この不確定性は世界の終わりまで続く、ということになる。

「**連続主義（Synechism）**」　これは、宇宙の法則や規則の体系が、数学的に厳密な意味での「連続性」に従って、徐々に形成され、進化発展する、という思想である。この連続的な発展は、「習慣の法則」「精神の法則」「観念連合の法則」「一般化の傾向」と名づけられる。つまり、自然世界の規則性は物理的次元での規則性であるが、この規則性の成長、進化を特徴づけるのは精神の習慣化の論理であることになる。物質と精神の世界は、それぞれの規則性の性格の相違によって区別される。つまり、もろもろの性質の確率的な結びつきのパターンは、精神的なパターンと物理的なパターンの二種類に分かれることになり、宇宙の進化はこれらの二つの規則性がより合わさってはたらく過程であることになる。この連続的進化の過程は世界の終わりまで続く。そして、世界の終わりにおいては、いっさいの偶然性は消滅し、すべてが理性的で体系的な法則の支配のもとに、完全なかたちで結晶している。このとき世界は真に物理的な自然、物質的な自然となり、いっさいの精神性は絶滅することになる。いいかえれば、世界の成長の終わりは精神のはたらきの終わりでもあるのである。

「アガペー主義（Agapism）」　二種類の規則性がより合わさって進むこの進化のプロセスを導くのは、神的な愛のはたらきともいうべきアガペーの力である。愛とは何かに向かう精神の力でありはたらきである。したがって、宇宙の進化がこの愛のはたらきによって進行するということは、宇宙全体の進化が目的論的性格をもっているということを意味する。この宇宙進化の目的、目標は、右に見たように宇宙の体系化、そのもっとも完全で調和的な体系化の実現である。しかしこの目的論は一方で、自己の目的の実現、達成というものではなく、むしろ自己否定的・自己滅却的なものという特殊な性格をもっている。というのも、アガペー的愛は、プラトン的なエロースによる魂の飛翔とは反対に、自己の完成よりもむしろ他者の完成を願うものだからである。それは精神による物理法則の進化が、最終的に精神性の消滅を導くという意味で、精神における自己否定的運動であり、あえていえば、精神が内蔵するトリスタン的な「愛による死」の論理――それは同時に、死にたいする愛の勝利ともなるのだが――なのである。

世界の進化は、無限の過去における諸事物の一状態から発して、無限の未来における別の状態へと進んでいく。無限の過去の事物の状態とは、混沌であり混乱であり、いっさいの規則性の不在からなるものによって生じた無である。他方、無限の未来の事物の状態は死であり、法則の完全な勝利と、いっさいの自発性の欠如、不在からなるものによって生じる無である。われわれは、これらの二つの状態の間に、われわれの側にある事物の状態をもつのであるが、それは何がしかの自発性がいっさいの法則と対抗するなかで、一定の程度の法則への合致が存在し、それが習慣の成長によって恒常的に成長している状態である。習慣を作る傾向、一般化する傾向は、それ自身の作用によって生じるものであり、習慣形成の習慣そのものが成長するのである。その最初の胚芽、種子は偶然から生じる。そこには、それまでに従われた規則性に従おうというほんの少しの傾向が存在し、こうした傾向それ自身によって、さらに規則に従う傾向が強まるのである。(5)

これは、「謎への推量」や『モニスト』論文の理論を、論理学上の弟子のひとりクリスティーン・ラッド＝フランクリン——論理学講師として短期間勤めたジョンズ・ホプキンス大学での教え子で、後に著名な女性論理学者となった——に向かって要約し、解説した書簡からのパッセージである。この説明と偶然主義以下の三つのドクトリンを摺り合わせてみると、この進化論的宇宙論の体系的性格がよりわかりやすくなるだろう。

右の宇宙進化のシナリオの要約からもうかがわれるように、パースにとって、宇宙とはある一つの「無」から別の「無」への進行、根本的混沌から宇宙の「死」へと進む壮大かつ華麗なる進化の過程である。宇宙の始源における無とは、まったく何も存在しないという意味での無ではなく、すべてが混沌としてかたちや秩序をなさないという意味での無である。また、もう一方の宇宙の終わりにおける無とは、いっさいの事象が法則的な網の目のなかに収まり、世界の本質的要素である偶然が完全に排除された世界という意味での無である(すべてが偶然である世界も、すべてが必然である世界も、それを理解しようとする精神のはたらきを完全に無化するという意味で、無なのである)。そして、一つの無から理解可能なこの世界を経由して別の無へと進む、このもっとも大規模な進行の三つの局面の論理が、偶然主義と連続主義とアガペー主義によって表現されるわけである。

われわれの目にするこの現実の宇宙において、これら三つの思想によって現れる進化の側面は、いずれも深層においてはたらいており、そのはたらきの徴は経験的に確かめうるものであるが、とりわけこの現実世界の「われわれの側にある事物の状態」、現に進行中の事物の論理として注目されるべきなのは、三つの思想のうちでも後者の二つ、すなわち連続主義とアガペー主義の思想である。というのも、進化論的宇宙論の根本的なアウトラインがカオスからコスモスへ、無秩序から秩序への移行の物語であることが押さえられた以上、次のステップとして問題になるのは、この移行の過程の具体的な展開と進展のあり方であり、その分析を与えるのが連続主義とアガペー主義であるからである。

連続主義によれば、世界のいっさいの出来事はより組織化され、規則的になる傾向をもつ。この傾向の生成と成長は、精神のもつ習慣のはたらきにおいて典型的に認められる。この生成と成長の形式的表現を与えるのが数学的な連続体の論理である。そして、アガペー主義によれば、世界全体の組織化の方向は、完全な体系を目指したものであるが、体系とは組織化以上の意味をもった概念であり、そのうちに「調和」が達成されていなければならない。精神のはたらきは体系化において終結するが、そのとき精神の死と物質的世界の調和の完成とは同時に成立する。したがって、宇宙は「精神の死、すなわち物質への同化」というモーメントに向けて進行する。これが二つのドクトリンを結びつけて構成される宇宙進化のシナリオについて、いっさいの修飾やニュアンスを取り払って描かれた、もっとも単純な記述である。

ところで、連続主義とアガペー主義がこのように現実世界の進行の論理を述べたものであると解すると、これに対比される第一の偶然主義の思想のほうは、それが究極的には世界創造の論理、あるいは世界創成の論理へと帰着する限りでは、現実世界の論理である以上に、むしろいっさいの規則性の不在という意味での、特別な「無」の論理であるという性格を帯びることになる。それは、現にわれわれが生きているこの世界以外の世界、あるいはそれ以前の世界にも踏み込む議論であるために、この世界の進化の論理である連続性とアガペー性に比べれば、格段に理解困難な、玄妙な世界把握を含む可能性も考えられるであろう。

われわれは本章でこれから、「われわれの側にある事物の状態」の論理である連続主義とアガペー主義の理論内容を扱い、偶然主義にまつわる宇宙の創成の論理については次の章で扱うことにするが、一見したところ「ゲーム場の百万人のプレイヤー」の譬えにも見られるような、その思想の明快さにもかかわらず、この思想が導いていく理論的行路の先は、実際にかなり深い洞窟へとつながっている。偶然主義は、カテゴリー論の形成を促し、宇宙論のストーリーの大枠を定める役割をはたしている限りでは、非常に明快な内容をもった思想に留まっているのであるが、いったん現実世界の論理としての連続主義とアガペー主義との体系的な三肢構造に組み入れられると、この現実世界「以前の」論理を扱うものとして、相当に曖昧な思想に変貌する。そのことを理解するためにも、議論が少々先走ったものになり、また回り道にもなるのであるが、ここでその迷宮の一端を、「謎への推量」のテキストを引用することで予め多少とも了解しておくことにしよう（宇宙進化の論理を扱う以上、いずれにしても宇宙の始まりのイメージについて、最初に何らかのかたちで捉えておく必要はあるだろう）。

次のパッセージは、「謎への推量」第七章「物理学における三項性」の末尾で、絶対的偶然から完全な体系化へと至る宇宙の進化のプロセスのアウトラインがはじめて描かれ、「これこそスフィンクスの秘密についてのわれわれの推量である」と語られたその後で、この理論の「帰結」として述べられた部分の一節である。

事物や実体のみならず、出来事もまた規則性によって作られる。時間の流れは、それ自身が規則性である。したがって、規則性のまったくない原初のカオスとは、単なる不確定性の状態であり、何も存在せず、何も生じていない世界である。時間が存在する以前の、発展のこの第一段階についてのわれわれの把握は、『創世記』第一章の記述と同じくらいぼんやりとした、修辞的なものとならざるをえないであろう。この不確定性の母胎から、第一の原理によって何かが生じたのだといわなければならない。われわれはこの原理を「閃光(flash)」と呼んでもよい。そして、習慣の原理によって、第二の閃光があったのだといえる。そこにはまだ時間が存在しなかったとしても、この第二の光はある意味では第一の光の後になる。というのも、それは第一のものの結果として生じたからである。そしてその後で、もっともっと互いに密接に結びついた後継者が生じ、習慣とそれを獲得する傾向とがますます自己強化していったのであろう。その結果として、もろもろの出来事は一つの連続的な流れのようなものに束ねられていったのである。われわれは現在の時点でも、時間がその流れにおいて完全に連続的で斉一的であると考えるべき理由をもっていない。とはいえ、原初の閃光から帰結したこの連続性の擬似的な流れ(quasi-flow)は、われわれの時間と比較したとき、次のような決定的な相違をもっている。すなわち、複数の異なった閃光からは異なった流れが始まっていて、それらの間には共時性とか先後の継起性とかの関係が成立していないかもしれないのである。したがって、一つの流れが二つの流れに分離したり、二つの流れが一つに融合するかもしれないのである。しかしながら、習慣のさらなる結果として、長期間分離していたものは不可避的に完全に分離したものになり、しばしば共通点を示した流れはやがて完全な合一体へと融合するであろう。そして、完全に分離した世界同士は互いにまったく知ることのない数多くの異なった世界となり、最終的にわれわれの目の前には、現実に知っているこの世界だけが現前しているのである。[6]

第一性の支配する世界は、宇宙の始まりの世界である。それは、主として第二性と第三性によって構成され、さまざまな次元の規則に支配されているこの現実世界とは対照的に、偶然の突発事のみからできている世界であり、すべてが混沌とした無秩序、不規則、無軌道な世界、時間や空間の秩序以前の世界、『創世記』の冒頭の記述に等しい曖昧模糊とした薄明の世界である。「地は空漠として、闇が混沌の海の面にあり、神の霊がその水の面にはたらきかけていた」——これが宇宙の始まりである。

カテゴリー論によれば、第一性の世界とは本来、無限に多様な「質」の差異からのみできている世界であり、アダムがはじめて覚醒したときに目にしたであろう世界であるとされていた。しかし厳密にいえば、アダムがその覚醒において目にする世界は、すでに宇宙の創成がほぼ完了している世界である。むしろ、そのはるか以前、時間さえも生まれる以前の世界こそが、真の意味での第一性の世界であり、そこにあるのは精神でもなければ物質でもない、ただ「質」の海のなかに突発的に生じる「閃光」のみなのである。閃光はどこまでいっても無根拠なものであるが、この混沌の薄明に何らかの意味での閃光の継起が生じたとき、そこに時間的継起の萌芽のようなもの、いわば時間の卵が生まれる。そこから、いくつかの時間の流れが生じるかもしれない。それはあくまでも偶然のなせるわざであり、たとえいくつかの閃光の継起が生じても、まったくの無秩序が再び支配するかもしれず、あるいはそれぞればらばらな時間や空間の広がりが乱舞するだけかもしれない。しかしまた、そこから実際に複数の時間の流れが始まる可能性もまったく絶無であるとはいえない——。

カテゴリー論から出発したパースの存在論が、最終的には複数の時間の流れを認め、この宇宙の始まりのさらに以前にあったであろう宇宙や、われわれの宇宙と並行しながらも、互いに独立に進行する宇宙を考えることになったのは、このように、カテゴリーとしての第一性の本性を突き詰めていき、偶然主義の行き着くところを最後まで見つめようとした結果にほかならない。したがって、偶然主義は一方では連続主義やアガペー主義によって補完されることで、この現実世界の宇宙論としての体裁を整える一翼を担うことになったが、他方では、この同じ理論が、現実の宇宙を突き抜ける地平への途を用意したことになる。

彼の「多宇宙論」は、時間と出来事の発生の論理を追究した結果たどり着いたところから、さらに形而上学的思弁を押し進めることと、思考の思いきった飛躍によって切り開いた未知の理論的モデルであった。それはこの現実の宇宙の論理を解明しようとする探究の意志が生み出した、未知のヴィジョンであり、一つの幻影であったわけである。

とはいえ、時間と出来事の発生の論理とは、あらゆる形而上学的思弁のなかでも、もっとも深遠な、ある意味ではもっとも明快さ、判明さを欠く、捉え所のないテーマであることは言をまたないであろう。それはどこまでいっても、「混沌の海の面」にある「闇」の暗さを伴わざるをえない。われわれはこのテーマを次の章で扱ってみるが、われわれがそこでどの程度までパースの思想に寄り添うことができるかは、それ自体が一つの不確実な賭けのようなものである。いずれにしても、この興味深い問題に立ち向かうためにも、その前にまず、「われわれの側にある事物の状態」の展開の論理をしっかりと理解しなければならない。それは「連続主義」と「アガペー主義」によって説明される、現実のこの宇宙の進行とその行方についての理解である。連続性とアガペー性との組み合わせからなる進化――これは、それだけでも十分に謎めいた、不可思議な理論的化合物であり、大胆すぎる主張であるといえよう。本章では以下に、この二つのテーマを順番に取り上げて、進化論的宇宙論全体の骨格をもう少し具体的に押さえることに努めてみたいと思う。

2　連続体のなかを泳ぐ

すべての事物は連続体のなかを泳いでいる。……連続主義とは、すなわち、現実に存在するものはすべて連続的であるというドクトリンである。[7]

連続性という考えは微分計算の主導観念であるばかりではなく、数学のすべての有益な分野の主導観念である。それはあらゆる科学的思考のなかで大きな役割を果たしており、この考えが大きな役割を果たすほど、その思考は科学的であるとされるのである。そして、この考えに通暁した者はわれわれに、それが哲学の秘密(the arcana of philosophy)を解くマスター・キーである、と伝えるのである。[8]

何かが連続的であるということは、そこに継ぎ目がないこと、断絶がないことである。それは、そこに現れるすべてのメンバーが滑らかにつながって、一つの流れ、一つの継ぎ目のない変化を生きていて、たとえなんらかの事情で飛躍や空隙が生じたとしても、直ちにその空隙をうめるような新たなメンバーが生まれ出るということである。

パースはこの世のすべてのものが、それぞれの仕方で、滑らかな連続性のなかを泳いでいるのだという。彼はまた、この連続性こそが「哲学の秘密」を解く鍵であるという。彼は、「連続性の考えに通暁した者」が連続性こそ哲学の秘密を解く鍵であることを教えるというが、この連続性に通暁した者とは、明らかに数学者としてのパース自身を指している。その数学者が、哲学の秘密を解きあかすマスター・キーを手渡すのだという。

パースはここで「哲学の秘密」という言葉を使っているが、ここに現れている「秘密（アルカナ）」という言葉は、パラケルズスなどにおいてよく使われた錬金術の用語で、それを手にした者がすべての物質を金に変えてしまうことができるような、自然のもっとも深い秘密を指している。そして、哲学の秘密という言葉は、この思想伝統に連なるさまざまな神秘主義的思想においても、錬金術的関心とは独立に、宇宙の最深奥の秘密という意味でしばしば用いられる。

たとえば、エマソンも重視していたスウェーデンボルグの神学的著書の一つに、霊界の報告を記したとされる『天界の秘密』という題の八巻からなる大部の著作があるが、このタイトルの原語は *Arcana Coelestia* である（arcana の単数形は arcanum で、ラテン語の arcanum〔閉じられた〕に由来している）。カントがこの著作に強い関心を抱いて自ら購入し、『視霊者の夢』において複雑なスウェーデンボルグ論を展開したことは、哲学史のエピソードとしてよく知られていることである。ところが、スウェーデンボルグの思想は、この章の後半で扱うアガペー主義にかんする議論でも、中心的な役割を果たすことになる。

神がそれであるところの愛は、憎をそれ自身の不完全な段階としてうちに含む愛であり、応答する愛としてのアンテロースを内包する愛である。……スウェーデンボルグ主義者のヘンリー・ジェイムズは、「創造的な愛のもつ優しさは、その言葉の本義からして、自分自身にもっとも厳しく敵対し、否定的であるようなものにたいする愛だけに、とっておかれねばならない」といっている。[9]

われわれの目のまえには、進化の三つの様式が示されている。それは、偶然による進化、機械的必然による進化、および創造的な愛による進化である。[10]……そして、偶然的進化と必然的進化とはアガペー的進化の退化した形態なのである。

連続主義は宇宙の「成長」の理論である。アガペー主義は宇宙の終局への進行の理論、「死」の理論である。成長と死とは、一個の生命のみならず宇宙全体にかんしても、当然のことながら内的に結びついている。したがって、それらは同じ宇宙の進行にかんする裏表の議論であるともいえる。そして、この二つの理論の結びつきの一端は、ここに見られるようなパースのスウェーデンボルグ主義への共感において、少なくともぼんやりとは示されているであろう。

とはいえ、この二つの理論の具体的な結びつきは、実際にはかなり見えにくいものである。連続主義においても、アガペー主義においても、それぞれのドクトリンを支持するための議論は多岐にわたっていて、けっしてすっきりと整理されたものではない。たとえば連続主義においては、数学的な連続体の分析から観念についての理論、習慣についての理論、そして原形質についての生理学的な分析など、いろいろな議論が援用されて、最終的に、「すべての事物が連続体のなかを泳いでいる」ということがいわれる。また、アガペー主義については、右の引用にも見られるように、一方には進化論の形式についての反省があり、他方にはスウェーデンボルグ主義の神学の問題が論じられている。数学的な連続体、原形質の生理学、進化論の形式、スウェーデンボルグの創造論——連続主義とアガペー主義の体系を最小限に切り詰めても、われわれはこれら四つの要素の混交した理論としての宇宙論を扱う必要がある。こうした異種的な議論を交えることで、パースは哲学の議論のスタイルとして、本当のところいかなる理想を追究していたことになるのだろうか。

さて、われわれにはこの点をいま詳しく考察する余裕はないので、ここでは簡単に次のような見通しのもとで、これらの議論を順に追っていくことにしよう。数学的な概念から神秘主義的神学の観念まで——これらのヘテロジーニアスな観念を、ジグソーパズルのピースのようにきっちりとしたしかたで組み合わせることで、輪郭のはっきりとしたなんらかの明確な絵柄を浮き上がらせることは、恐らく無理であろうし、パースの本来の考えでもないであろう。むしろこうしたヘテロジーニアスな観念の集まりは、さまざまなエキゾチックな魚が泳ぎ回るアクアリウムや、異種的な神話的図像の連なりとしての星座図のようなものと考えるのが、適当ではないのか。われわれはこれらを自分自分の角度から自由に眺めることで、ある種のまとまりをもった全体像を心に抱くことができるであろう。

連続主義やアガペー主義を主張するための宇宙進化の理論は、それ自体が一つの星座図や星雲のようなものである——。このような了解のもとで、これから、これらのドクトリンの議論を順に見ることにしよう。

まず、宇宙の成長の理論としての「連続主義」である。

連続性の観念は、近代科学の礎石となる微積分学の無限小の概念によって、はじめて有意味なかたちで知性的探究に利用しうるようになったが、この数学的な概念である無限小の思想が、同時に自然哲学のもっとも深い秘密を解き明かし、最終的には宇宙の進化の論理を説明することになるのだという。これは科学の論理から出発しつつ、形而上学的思弁を自由に展開したパースにふさわしい、「数学的形而上学」の発想である。[11] しかし、このような独創的な発想に肉づけするためには、当然のことながら、二つのことが論じられなければならない。その一つは、連続性についての数学理論としていかなる分析を提出するのか、という問題である。もう一つは、連続性についてのこの数学的概念を応用することによって、いかなる存在論上の主張が帰結することになるのか、という問題である。パースの哲学がカドワースやエマソンの直観的な哲学の限界を超えるものであり、神秘的な新プラトン主義であるよりも、むしろ新ピュタゴラス主義を標榜するものであるとするならば、彼はこれらの問題のそれぞれに明解な解答を用意しなければならない。そして、カドワースの「形成的自然」の哲学を有意味なものとして再生させるためにも、哲学と数学や科学との協働の新しい成果を示す必要があるはずである。

パースによる、一番目の問いにたいする答えはこうである。数学における連続性の観念は、通俗的には実数の集まりに対応するとされる、点の集合としての直線などによってイメージされているが、この連続性の理解は誤っている。幾何学的線のもつ厳密な意味での連続性に対応するものを表すためには、あらゆる可付番の数からなる集合の濃度を超越した、「潜在性」の集合という特殊な観念をもってこなければならない。

また、二番目の問いにたいする答えはこうである。われわれはこの連続性の存在をあらゆる存在者の特徴として見いだすが、とりわけ、第一性としての質の連続体という世界の原初的状態にかんして、この連続性を認める必要がある。また、われわれの現実の心のはたらきにおいて顕著なさまざまな観念の伝播という現象においても、連続性がはたらいていることが認められ、さらにはその観念のはたらきとよく似た作用が、物質における習慣の形成においても認められることが、たとえば原形質の分子論によって確かめられる。

これらの存在論的主張から帰結する自然哲学は、世界の本質的な特徴が精神的なものであり、物質とはその退化した形態にほかならないとする、観念論的な一元論の一種である。物質はその大部分の作用において機械論的な規則に従い、精神はこれとは対照的に、自発性、創造性を作用の原理としている。しかし、物質の作用のなかにも熱伝導や分子運動のように、時間にかんして可逆的・保存的な規則に従うことのない非保存的な作用が、ミクロのレベルで認められる一方で、他方では精神の作用においても、習慣の形成と保持という、擬似規則的な性格が属している。したがって、精神と物質とは表面的には異質なものではあるとしても、本質においてはつながりをもったものであり、互いに分離し断絶したものではない——。これは、すでにエマソンやカドワースとの、パースの近親性について論じたところで触れた点であるが、パース自身認めていたように、彼の自然哲学は「シェリング流の客観的観念論」であり、その理論的根拠となるのが、この連続主義の思想である。数学的連続性を下敷きにして客観的観念論を構築する——これが、パースの「数学的形而上学」としての連続主義の要点である。

以下、これらの点をもう少し掘り下げていって、議論のディテールをさらに見ていくことにしよう。まず、数学的な意味での連続性、あるいは連続体というものについて――。

連続性の問題は、数学と哲学の両方にまたがった純粋に思弁的な問題のなかでも、もっとも基本的な問題でありながら扱いがきわめて厄介な難問として、古来より認められてきたといってよいであろう。問題そのものは単純である。連続的な線は無数の点から構成されている。しかし、離散的・個別的な点からどうやって連続性をもった線が作り出されるのか。線が有限の個数の点からできているのなら、その点と点の間には間隙があることになり、線は真実には連続的ではないということになる。しかし、有限個の点の集まりを超えた無限個の点の集まりとは何か。無限とは単に有限ではないという、否定的・消極的な意味でいわれるだけの、ノミナルな存在ではないのか。無数の点が「現実に」存在して連続体を構成していると、本当にいうことができるのだろうか。これが連続体の問題であり、たとえばライプニッツはこの連続体の合成の問題を、「自由意志の存在」の問題と並ぶ、二つのもっとも深刻な「迷宮」と呼んで、その解決を自分の哲学の最重要課題と位置づけていた。

よく知られているように、長い歴史をもつこのような連続性あるいは連続体の問題に、画期的な究明方法を探り当て、決定的な解決への途を指し示したのは、ドイツの数学者ゲオルク・カントールである。カントールは集合論的観点を採用することによって、さまざまな種類の「数」の系列について、その無限の連鎖の特徴を規定する方法を確立するとともに、さまざまな無限系列の種類の間に見られる階層的関係を明瞭にする方法を提示した。すなわち、彼は自然数に代表される無限系列を可算無限系列とすると同時に、実数に代表される無限系列を非可算無限系列とすることで、これら二種類の無限系列の「濃度」の相違を明らかにするとともに、実数の濃度アレフ・ワンが自然数の濃度アレフ・ゼロとどのような算術的な関係にあるのかを解明した。カントールのこの分析によって、無限や連続性は歴史上はじめて明快な数学的扱いを受けることが可能になったのである。

カントールの業績が発表されたのは、パースが形而上学的思索に沈潜していた時代とほぼ同時期の一九世紀後半である。そして、その業績はデデキントらによって評価される一方、師のクロネッカーらによって厳しく批判されるなど、毀誉褒貶のなかにあったが、パースは「カントールによって連続性がはじめて論じられるようになった」ことをいちはやく見抜き、その成果の革命性を最大限に評価した。しかし同時に、その連続系列の理論によっても「連続性」の真の意味が突き止められたところまではいっておらず、カントールの方法をどこまでも徹底して、連続体の真の性格を明らかにするためには、彼が導入した集合論的視点にもとづく無限系列の階層を、もう一度幾何学的対象である線を構成する点の無限性に戻して考えて、無限の点が線の連続性を作り出す論理をさらに解明しなければならない、と主張した。そのためにパースが応用しようとしたのは、古代のアリストテレスの連続体の考えであり、その結果として彼は、線上の各々の点がそのうちに無限の部分点をはらんだモナドであるという、彼の時代よりもずっと後に作られるようになるロビンソンらの「超準解析(nonstandard analysis)」の発想——およびその基礎的な数学的道具立てを提供した、ツェルメロ、フォン・ノイマンらの集合論——とほぼ等しい考えにたどり着いたのである。(12)

カントールは連続性を定義して、「連鎖をなした完全な系列」としている。連鎖をなしたというのは、ある有限な長さが与えられた場合、常にそれより短い距離をたどることによってその系列全体をたどることができるということであり、完全なとは、その系列にはどこにもメンバーの欠けたところがない、という意味である。しかし、系列にメンバーが欠けていないということの意味は曖昧である。たとえば、カントールやデデキント以来の着想に従って、われわれは現在でも直線をなす点の系列は実数の系列と同形であると考えている。しかし、このことは明らかに不条理である。というのも、直線が実数の系列と同形であるとすると、実数系列を特徴づけるいわゆる「デデキントの切断」によって、その線が点ｐにおいて二分されれば、ｐは二分されて二本になった線のどちらか片一方に属することになり、もう一方の線にはこれに相当する点はないことになるが、幾何学的対象としての図形にはそうしたことは認められない。この点では、アリストテレスがいったように、線を作る点は「線を連続させるとともに、これを限定区分しもする。点は長さのある部分の始めであるとともに、また他の部分の終わりでもある」というのが正しい。つまり、点による線の切断とはあくまでも思念的なものであり、点ｐとは実際に線を構成するメンバーではない。点はたしかに線の上にあるが、線そのものを作ってはいない(13)。

パースはこの考えを押し進めて、線の切断によって「一点が飛び出したとしても、静止している端には一点が存在しており、孤立した点が戻ってくるなら、それらは一点になるだろう。線のひとつの端は確定的な数多性をもったいかなる数の点としても飛び出すことができ、しかもそれらはすべて、破裂の前には一点であった。点は飛び散ることができ、ゼロと一の間に実在するすべての無理数のような数多性と順序をもつことができる。それらはすべて元の線上でこの順序を保ちながら存在し、しかも一点にあったということも可能である。人はそれを矛盾だと言うであろうか。そうではないのである」という。[14]

これは線の「上にある」点の各々が切断によって複数の点になることがありうるし、反対に複数の点が「その順序を保ちながら」元の点に戻ることもありうるということである。つまり、点とはそのうちに順序をもった部分点の集まりであるという。これはまさしく、二〇世紀の後半に、超準解析によってそれまで葬られてきた「無限小(infinitesimal)」の概念が復活し、点のうちに無限小の隔たりをもった無数の部分点を想定する考えと同じである。

(超準モデルという考えは、自然数論を表すペアノ算の超準モデルを考えたスコーレムに発するが、これを実数論に拡張して、ライプニッツ以来の無限小概念にもとづく解析学を再構築したのが、ロビンソンの超準解析である。この考えではある位相空間を動く対象Aについて、これを超準的写像によって「広大化」したA*を考え、Aが点aの近傍全体を動くときのA*の共通部分をaのモナドという。このモナドの系列によって新しい位相空間が作られるのである)。

個々の点が包含し、その点から無限小の距離にある無数の部分点の集合というこの考えを、集合論的なアプローチで表現すると、次のようになる。

無数のメンバーからなる集合の多数性の特性は、その基数あるいは濃度によって表現される。自然数からなる集合の基数はアレフ・ゼロであり、実数からなる集合の基数はアレフ・ワンである。この基数のランク(階層)はそれ自身が0, 1,… n, n+1,… というかたちで系列をなしている。ランクn+1の集合はランクnの集合の冪(べき)(部分集合の集合)によって形成される。ここで全集合からなる極限的大世界として、すべての階層、すべてのランクの集合の冪というものを考えてみる。これは個々の集合が互いに区別された個体からなる集合(セット)として構成されているのとは対比的に、もはや個別的な対象の集まりとはいえない特殊な集まり(コレクション)である。

この特殊な集まりは全セットのコレクションではあるが、それ自身はセットではない(のちにフォン・ノイマンはこれを「固有クラス〔proper class〕」と呼んだ)。そしてこのコレクションはセットでない以上、ランクをもたない。それは全セットからなる宇宙である。この宇宙はセットではない以上、基数や濃度を特定することはできないが、それが含む全集合の基数、つまりすべての基数の極限の値をもつと考えることができる。この極限値としての基数をΩと呼ぶことにすると、端的に極限的な意味での無数性とはこのΩを指すことになる。パースは多数性あるいは無数性の極限としてのこのΩの存在を主張し、それが線のうえの実数的点に対応するモナドのうちなる超準的点のもつ多数性に等しいという。つまり、線上の各点のうちには、もはや個別的な多としては把握されない極限的多数性をもった部分点が存在するというのである。

それゆえ、無数の点からなる連続体という先の存在については、右の引用に続けて、次のような規定が加えられることになる。

> 連続体はきわめて広大な多からなる集合であって、可能性の全宇宙のなかで、その集合のメンバーが区別された同一性をもつ余地はなく、それらは互いに溶け合うであろう。

結局、パースにおいては、線が真に連続的であり、その上には無数の点が存在しうるとすると、その線とは、もはや確定性をもたないいっさいの可能的な点を無尽蔵に包含した集合であるということになる。連続体とはすなわち、それ自体が潜在的なメンバーを無尽蔵に生み出す、「可能性の全宇宙」とされるのである——。

連続体をめぐるパースの主張をもう一度繰り返すと、ある事物が連続的であるということは、その事物が無限に汲み尽くしえない、無尽蔵の要素からできている、ということを意味する。無限に汲み尽くしえない要素からなるということは、無限個の確定的要素からなるということではなく、それ以上の濃度でつながっているということである。一本の線が連続的であるというとき、それが連続的であるという性質は、それが実数に対応する点からなることから生じているのではなく、線の上に並んでいると考えうる各点そのものが、それぞれ無限個の点になる潜在的な性質をもっていて、「不確定だがあらゆる可能な状況に応じて確定可能になりうる点」をはらんでいることから生じているのである。それゆえ、何かが連続的であるということは、その要素の数え上げが、たとえ非可算無限回という極限的な回数まで繰り返されても、それでもなお完結しないであろう、ということになる。これは見方を変えれば、およそわれわれの現実の数学的操作の限界を超えた、きわめて理念的な作業、ある意味では神的な知性のはたらきとの照らし合わせのもとで定義された、連続性の概念であるといえるであろう。

それでは、線分や集合のもつ数学的連続性を手引きにして、連続体というものの特徴を以上のように理解することにすると、このような連続性の理解を下敷きにして考えられる、さまざまな存在者の本性とは、どのようなものになるのだろうか——これが、連続主義において次に論じられるべき、二番目の主題であった。

さて、以上の連続性の理論から直ちに導かれる存在論上の基本的な主張は二点ある。まず第一に、連続性の真の姿が、実数の集合よりさらに徹底したかたちで考えられなければならないとすると、われわれが現実の世界で出会う存在者の領域は、いわばこの真の連続性の世界の退化したもの、あるいはより粗い描像のもとでの現れ、粗視化されたものである、ということになる。というのも、すべての現実的事物は時間空間の網目のうちに現れるが、時空的認識の標準的な表象が実数の世界としてあるのだとすれば、この現実世界の姿はいわば真の連続性の世界の影ともいうべきものになるはずだからである。これは、別のいいかたをすると、真の連続性の世界とは、まさしく、この時空の形式によって捉えられた現実の世界に先行する世界の原初、つまり第一性のみからできている世界、質の連続性によってできた世界であるということである。

右の連続性の概念から導かれる第二の主張は、現実の世界はこのような制限をもつが、しかしそれにもかかわらず、その根源において真の連続性の世界につながっているゆえに、それ自身もやはり無尽蔵の本性を発揮する能力をもっているということである。この無尽蔵の力とは、具体的にはすべてのものが「習慣」という一般化し成長する力として現れる。習慣の力とは、個々の具体的な状況のなかで何らかの一般的なパターンを実現するとともに、状況に応じて必要とあれば、それまでのしかたでは対応できない状況に応じるような、新しい一般化のパターンを生み出すことである。線分のなかから無尽蔵に点が生まれうるという事態は、この習慣の生産的な能力になぞらえられる。

無限の質の連続体によってできた真の連続性の世界からは、さまざまな下位の種類の連続体が作り出される。それは時空という連続性の形式を背景にして展開される、複数の連続的な存在領域である。そして、それらの連続体のなかでも、われわれにとってもっともなじみのある存在領域とは、いうまでもなく、精神と物質の世界である。したがって、右の二つの主張から導かれることは、宇宙には典型的な存在の領域として、質の世界、精神の世界、物質の世界がある、ということである。これらの世界はどのような意味で連続的であるといえるのか。そして、それらはどのようなかたちで、その習慣の形成と発展の特徴をもっているのか。このようなかたちで、連続主義はさまざまな連続体にかんして、連続性という概念を基軸とした領域的存在論の分析の視点を提供する。それは宇宙を構成する存在者の領域の特性を、連続性のあり方に沿って特徴づけようとする、いわばミクロの視点からする存在論である(これにたいして、宇宙の進行の方向を論じ、それが向かっていく終結のあり方を指し示すアガペー主義のほうは、これらの存在領域の相互関係の方向性を分析する、マクロの視点からの存在論であるともいえる)。

そこで、今度はこの領域的存在論の視点から、原初的可能性や質からなる連続性の世界と、精神的観念の世界と、物質的世界の特徴について、それぞれの連続性のあり方に注目するかたちで簡単なスケッチを提示してみよう(以下の議論は、主として『モニスト』シリーズの第三、四論文、「精神の法則」と「ガラスのように脆い人間の本性」において展開されている)。

まず、われわれが連続性ということを日常的な経験のなかで直接に体験できる領域として、われわれ自身が抱く「感じ(feeling)」を通して捉えられるところの、質の世界というものがある。われわれがふつうの日常生活のなかで直接に感知する感じは、一見したところ互いに連続しておらず、ばらばらなものに見える。さまざまな香り、無数の微妙な音の世界、鮮やかな色が色とりどりに乱れた世界――それらはわれわれの感覚にはたしかにはっきりと分離し、特定の性質をもった、分節的なものからなる世界として現れる。しかしながら、太古の世界においては、これらはすべて完全な連続性のなかにあって、無数の質の無数の度合いが紡ぎ出すところの、いかなる断絶もないニュアンスのつながりの網のなかにあったと想定することもできないわけではない。「われわれが現在経験する色、匂い、音、あるいはさまざまに記述される感情、愛、悲しみ、驚きは、すべて太古の昔に滅びたもろもろの質の連続体から遺された残骸であると考えざるをえない。それはちょうど廃墟のそこかしこに遺された円柱が、かつてはそこにいにしえの広場があって、バシリカ聖堂や寺院が壮麗な全体をなしていたことを証言しているのと同じである(15)」。

人間の精神は非常に長期にわたる進化の過程のなかで、こうした質の連続性を失ってしまい、われわれは実際に抱く感じとしては、いくつかの限られた数のものしか感じないようになったのではないか。それゆえ、われわれにとっては質的存在は、すべてディスクリートなものとして感じられているが、質そのものが本来ディスクリートな存在者であると考える必要はないのではないか。というのも、無数の質は真実には現在でも、そうした連続性のなかにあり、われわれが日常生活を離れて、特別に研ぎすまされた感覚を目覚めさせようとし、経験の幅を思いきって大きく拡大して、感覚の奥深い次元に意識の先端を届かせようとするとき、それらはニュアンスの連続体というその真実の姿を表す力をもっていると考えられるからである(パースはとくに少年期から、父親の指導のもとで、ワインの味と香りの識別に特別の才能を発達させていたという)。

われわれの感覚器官の機能は、生存のためのさまざまな制約に有利であろうとして、できるだけ多様な刺激に特化した反応をもてるように、互いに分離した質の世界を感覚させるようになったのであろう。とはいえ、恐らくわれわれの感覚的性質の経験がこれほど生存の条件に制約されたものではなかったとしたら、そこにはいかなる断絶的な区別も存在しなかったにちがいない。感じや感情は、物質的な存在、とくにアメーバや原形質の連続性において見られるように、それ自身が空間的広がりをもっている。そして空間そのものが真に連続的なものであるとするならば、それ自身もまた連続的に延長しているものと考えられても不思議はない。したがって、「何らかの特定の感じが現前しているところには、この感情と無限小的に異なったいっさいの感情からなる無限小的連続体が現前しているのである[16]」。

もちろん、われわれはいかなる非日常的経験によっても、原初的な無数の質からなる真の連続的世界の無尽蔵の多様性を、そのあるがままの姿で捉えることはできない。現在の時点でわれわれが経験しうるのは、あくまでもそうした無尽蔵の世界の影である。

規則性のまったくない原初のカオスは、物理的側面から見れば、単なる無であった。しかし、それはまったくの空なるゼロではなかった。なぜならそこには強烈な意識があって、それと比較するならば、われわれが感じることなどはそのすべてを合わせても、完全に制限をもたない偶然が作り出す無限で無数の多様性に向かって、わずかな法則の力を放出しようともがいている、一、二個の分子のようなものにすぎないからである。[17]

さて、以上は質の世界の連続性であるが、これはわれわれの精神の中身である観念を、その内側から捉え、その質的な内容の側面に光を当てたときに浮かび上がるものであるともいえる(ここにはさらに、質という存在がある種の可能性であり、潜在性であって、そのために質の世界はもっとも豊かな世界であると同時に「無」の世界でもあるという、複雑な問題が残っているが、この可能性としての質をめぐる分析は、宇宙の始まりを論じる次章のほうで扱うことにしたい)。これにたいして、観念をその外へと現れるはたらきから考察し、そのエネルギーにもとづいて見てみると、精神の流れのもつ時間的な連続性という、別の側面が浮かび上がる。これが精神という二番目の領域に固有の連続性である。

観念をそのはたらきという角度から考察してみると、観念とは近代の主流の哲学で通常考えられているような、映画のフィルムの一コマのように、特定の精神のうちで生じる孤立した出来事として、それだけで切り出したり、並べ替えたり、廃棄したりできるような原子的な存在ではない、ということが明らかになる。そしてさらに、観念は化石化してもはや変化しない死物、生命のないものではなく、生きて変化し、成長するものだということも明らかになる。

たとえば、もしも観念がそれぞれフィルムの一コマのように、それだけで単独に存在しうるアトミスティックで、ばらばらなものであるとすると、いったん精神の前から消し去られた観念は永遠に失われてしまうことになる。この考えによれば、精神にかつて現前した観念が、記憶によってもう一度蘇ったように思えることがあるとしても、それは実際には別の新たな観念の現出であり、記憶による観念の再現という理解は誤解であるということになる。しかしこれは明らかに不条理であろう。したがって、過去のものとなってしまった観念もまた、ある意味では意識下において引き続き存続しているのだと考える必要がある。あるいは、観念は完全に過去のものとなることはありえない。「それは無限小的に過去のものになるだけであり、その無限小の過去はいかなる特定可能な時間的過去よりも小さな過去である」。つまり、観念とはデカルトなどの伝統的な哲学が理解したように、孤立した精神のうちなる意識の流れにおいて、ある時点での個別的な出来事として確定的に特定できる、それぞれ単独のディスクリートな出来事ではない。それは意識の流れとともに広がっている存在であり、時間とともに連続性を分有している存在である。観念は流れのなかに存在するのである。

しかも、観念はこの時間という流れのなかを、ただ受動的に漂う存在でもない。観念は時間を通じて成長したり衰退したりする。というのも、それが連続的であるのは、それ自身の力において「広がろう」とする傾向をもつからである。観念には「自己主張(insistence)」の力がある。あるいはこの主張を積極的に発揮するときもあれば、むしろ衰微し、受動的になり、固定的で機械的な連合の作用を繰り返すようにもなりうる。観念はこのように、成長と衰微の両方に関与しているという意味で「生きている」。

さらに、観念が生きており、外へとはたらきかけ、他のものとの関係をもとうとする、ということの点は、意識や人格という観念の外皮を度外視して、観念そのもののもつ物理的な特性に即していえば、観念の記号性というかたちでも露になる。観念はたしかに別の観念を呼び込む。それは連想というぼんやりとした形式に従う以上に、記号に特有な形式的条件をみたしつつ、思考という明確なかたちをとって進行する。一つの命題のかたちをした思考、つまり判断においては、主語となった観念が述語となるべき観念を呼び出す。そしてその命題は、一つの前提として別の命題と結びつき、それらの前提からさらに別の命題を導こうとする。これは推論的な思考のはたらきであり、演繹、帰納、仮説形成など、さまざまなスタイルで作用する。しかし、いずれの推論においても、その結論はそれ自身が一つの一般者としての資格をもち、いろいろな場合にいろいろな行為のガイドの役割を果たすことになる。そして、こうした命題形成や推論の経験の無数の堆積は、文法や推論の規則としてのより抽象的な一般者を生み出すことになる。つまり、観念がもつ連接的なはたらきは、最終的に「一般化」という概念のもとに集約できるような、共通の性格を示すことが明らかになる。

以上を要約すると、観念は連続的な流れのうちにあり、その流れを自ら生きており、さらには一般化ないし習慣化という性格を備えている。それゆえ、われわれはこれらの点をまとめて、唯一の「精神の法則」ないし精神の根本法則として、次のような法則を確立することができる。これはヒュームのような原子的観念説の唱えた観念連合の原理に取って代わるべき、連続性を本質とする新たな精神の法則の定式化である[18]——。

精神的現象に適用された論理的分析は、精神の法則がただ一つだけ存在することを明らかにする。それは、観念が連続的に広がる傾向をもち、その観念と特有な変容可能性の関係にある他の観念を変容させる、という法則である。観念はこの拡張のなかでその強度を失い、とくに他の観念を

変容させる力を失っていくが、同時に一般性を獲得し、他の観念と溶け合ったものになっていく。(19)

精神は一般化する傾向をもつ。いいかえれば、精神は習慣を獲得し、それにしたがって生きつつ、習慣を変化させていく。この意味で精神は連続的であり生命的である。それでは、精神と対比される物質のほうはどうであろうか。物質には精神のような質的な側面もなく、一般化する傾向もないのであろうか。これが三番目の領域である物質の問題である。

このような問いについて考えるときに、はじめに思いつかれることは、世界の原初的なあり方、いっさいの規則的な制約のない世界での第一性のあり方が、それ自身としては精神的でも物質的でもない不特定のものだった、という点である。世界の原初においてあるのは、偶然のなかにある無数の感覚的な質のゆらぎと、変化し連続する流れである。この質の世界が、感覚に与えられる外界の性質という存在性格をもつと同時に、一方では、われわれのうちなる精神的なものを彩っている。つまり、ふつうの感覚的経験において、外的な事物がわれわれのうちに感覚を生じさせるというとき、哲学上の伝統的二元論のように、物理的な作用が不思議なしかたでわれわれのうちに精神的な効果を及ぼすのだと考える必要はない。世界のどこに存在するものでも、その外側がいかなるかたちの現れ方をしていても、その内側には感情、感じ、感覚の次元が伴っている。それゆえ、物理的な対象がわれわれのなかに精神的なものを生じさせることは、けっして神秘的なことではない。心身関係は、通常は物的な対象と心との不可思議な関係であると考えられているが、それは事柄の核心ではなく、むしろ事物の内側にある性質とわれわれの精神との感応の問題として理解されるべきである。そして、そうした事物のうちなる性質というものへと迫ることが、新しい科学の目標となるべきなのである。

感じは空間のなかに広がっている。感じは物理的な空間のなかで運動し、伝播し、拡張し、消滅することができる。物質の変化とはこの感情の運動の外側への現れであり、その変化がきわめて規則的で自動的・機械的なものとなっているときに、そのうちなる精神がほとんど死滅した事物の運動として現れる、ということである。しかし、物質もまた本当に、流動化し一般化し習慣化するといえるのであろうか。とくに生きた物質、生命が一般化する傾向を本当にもっているといえるのであろうか。

物質のもつ精神性の有無というこの問題を考えるためには、もっとも単純な生命であるアメーバのことを考えるのが便利である。アメーバは全体が一つの原形質(Protoplasm)からできている。このアメーバの運動のあり方と、それを形成する物質的組成との関係を捉え、原形質の分子論というものを考察することによって、われわれは物質のもつ精神的特性についての一定の洞察をえることができるであろう。しかし、そのためにはまず、分子とは何であり、分子が作る固体や液体とは何であるかについて、一般的な観点から押さえておく必要がある。

われわれが知覚するすべての物質は、互いに引力と斥力とを及ぼしあっている無数の分子からできている。分子はこの相互作用をそれぞれが急速運動を行うなかではたらかせている。個々の分子を構成するのは原子であるが、原子が貫通不可能な固体であると考える理由はまったくない。論理的な観点からいえば、原子とは慣性をもった要素的ポテンシャル・エネルギーの空間的分布のことであり、このエネルギーの一々を無限に接近した電気エネルギーの陰陽一対からなる点であるとすると、原子同士の力の相互作用が計算できる。そしてこの計算にもとづいて分子の内部構造を想定すると、それは太陽系や星団のようなものになる。分子はそれゆえそれ自身が貫通可能で、崩壊や合体の可能なものであることはいうまでもない。
無数の分子同士のはたらきから、ある系に属する無数の分子同士の生み出すエネルギーの総量については、クラウジウス、ファン・デル・ヴァールス、アボガドロなどの研究によって、粒子間にはたらく力にもとづく「ビリアルの法則(the law of virial)」が確立している。しかしこの運動論は、もっぱら気体にかんするものである。固体や液体にかんしては、この分子運動論に加えて、無数の分子から構成される物体の可塑性と弾力(plasticity and resilience、外からの力に応じて変化するが、やがて元に戻る性質。それは粘液性のものとそうでないものに分かれる)の説明がなされなければならない。これらの運動は、ちょうど星団内部におけるいっさいの星の永続的な運動を通じた結束を説明するような、特殊な理論を必要とするが、これらはいまだ完成していない未来の物理学の課題である——。

さて、これがパースの想定している物質の物理学の大枠であるが、その大枠自体は現在のわれわれから見ても極端に奇矯なものではなく、むしろ先駆的な洞察にみちている。そこで、以上のような分子論を念頭において、アメーバの動きを見てみよう。アメーバは周囲から何も刺激を受けていないときには、まったく変化を見せず、その輪郭も固定したままである。しかし、その体のどこかにほんの少しでも刺激が加わると、すぐにそこから運動が生じ、その運動は体全体に波及していく。この場合の変化の波及は、アメーバの体がもつなんらかの有機的な分節化に依拠し、その構造に助けられたものではない。アメーバは体全体が非分節的である。それは原形質の不定形な連続体のなかでの無秩序な変化の伝達である。さらに、刺激に始まるこの変化の波及は、水や空気において見られるいわゆる波状的な運動とも異なっている。変化には規則的なパターンはなく、その波及のスピードにも規則性が見られない。変化の伝播はそれが拡散するとともに、影響力も薄れていく。それはまさしく、観念の伝播、感じや感情の広がりと同じである。というよりも、原形質は感じそのものが外化した姿なのである。

われわれはもちろん、精神的な感情や感じの現象が、原形質のような物質的なものに対応していることを、にわかには信じられない。われわれは自分の感情の動きや観念の変化については、直接に内観を通じて把握しているが、アメーバの動きには何の共感も共鳴も感じないからである。とはいえ、「内観」によって自分の心のはたらきが把握できているというのは、われわれの誤った自己認識の習慣に由来する、まったくの錯覚である。

ここで考察している現象には、外在性が本質的に関与しているのであり、それにかんして内観がその現象の姿を露にするであろうと期待するわけにはいかない。……われわれはアメーバのこの現象において、一塊の原形質のなかに感じが存在していると考える――それは感じではあるが、明らかに人格ではない――が、そのようにわれわれに考えさせるものの本性が何であれ、そこから論理的に導かれることは、感じというものが、原形質の興奮した部位と同じように、主観的で実体的で空間的な延長性をもつ、ということである。[20]

(以上のようなアメーバの感情の説明は、たしかにいかにも曖昧である。しかし、現在のわれわれであれば、たとえば個々ばらばらなときには固体のように振舞いながら、刺激の種類によっては多数の固体が合体して、動物のように有意的に運動するように見える、粘菌のようなものを想像することができるであろう)。

原形質は固体化するとともに液化する。それは成長し、生殖し、再生産する。さらに原形質は習慣を獲得する性質をもつ。なぜなら、それが液化するときの伝播の様子は、過去において生じたパターンを繰り返す傾向をもつからである。原形質のこれらの性質のうち、その可塑的固体性の大枠は、エネルギー保存則に従った引力と斥力から出発した、先のような物質の構成原理による説明で用がたりるはずである。しかしその他の奇妙な性質は、「原形質を作る分子の極度に複雑な構成」によって説明するほかはなく、そうした高分子の理論は、固体や液体の基本的理論以上にいまだ未完成である。そして、たとえそうした理論が高度に発達し、さまざまな現象が原理的に説明可能になったとしても、習慣形成と感じという二つの性質については、物理的説明だけでは不十分である。というのも前者の習慣形成は最終的に、「原初の習慣形成の傾向」の想定に戻って説明するほかはなく、後者の感情のはたらきもまた、習慣からの逸脱に起因する感情の強化という精神の法則に依拠せざるをえないからである。

しかし、感じという性質については、何がいわれるべきなのであろうか。すべての原形質について、意識というものが属しているのだとすると、その説明のためにはいかなる機械的構成が要請されるのだろうか。スライム（粘液体）は化学的合成体にすぎない。それが実験室で人工的に合成できないという原理的な不可能性はなく、それが合成されるならば、自然の原形質がもつすべての性質を発揮することであろう。その場合にはそれが感じるであろうことは疑いがない。そして、われわれが脆弱な二元論を受け入れるのでないかぎり、その性質は機械的システムのなんらかの特殊事情から生じたのだということを証明しなければならない。ところが、それを機械論の三つの法則から演繹しようとすることは、そうした法則がそれほどに工夫に富んだ機械にはこれまで適用されたことがない以上、明らかに無駄なことである。むしろそれを説明するためには、物理的出来事が精神的出来事の程度の退化した形態、未発達な形態である、ということを受け入れる以外には、けっして可能にはならないであろう。そして、物質の現象とは習慣が精神にたいしてほとんど完璧な支配をもった結果の産物にすぎない、ということを認めるなら、あとはただ、原形質においてはなぜそれらの習慣にわずかな破綻が見られるのか、その理由を解明する作業が残されるだけである。……習慣とは刺激の除去と結びついた一般的行動様式である。しかし、予期された刺激の除去が起こらなければ、興奮が継続し増大して、非習慣的な反応が生じる。……しかも、原形質は極端に不安定な状態にある。不安定な平衡状態の特徴は、その平衡点の近くでは、極端に小さな原因でも驚くほど大きな結果を生じさせるということである。それゆえ、そうした状態では、通常の規則性からの逸脱に続いて、別の大規模な逸脱が生じ、結果として習慣が破壊され、偶然的な自発性が再生することになる。それは精神の法則に従って、感情の強化ということをもたらすであろう。(21)

この議論によれば、旧来の機械論を信奉して物質の精神性を完全に否定しようとする物理主義者も、機械論的概念を擁護すること自体については正当性が認められる。問題はただ、彼らがそうした概念の意味するところを最後まで徹底して押さえていない、ということである。というのも、物理主義者は、一方に純粋な物理的メカニズムがあり、他方に感じの生起が認められるという地点で止まってしまっており、結果として二元論に譲歩せざるをえない立場に陥っているからである。物理主義者も、ある種の複雑な機械が何かを感じる能力をもつ、と想定することはできないわけではない。しかしながら、この想定は機械論そのものとしては「とんでもない不条理」であり、「常識に反するばかりでなく、科学的論理学にも反する」。むしろ彼らが進んで受け入れるべき想定は、自分たちが考察しているものが、純粋に物理的なものではなく、その実体が本質的に精神的なものである、ということなのである。この結論を採用すれば、彼らは不可避的に普遍的な決定論、普遍的な機械論から遠ざかることであろう。「それゆえ、観念論者は生命についての機械論的理論を恐れる必要は何もないことになる。反対に、そうした理論が十分に展開されるならば、それは不可欠な補助理論として、必ずや偶然主義を呼び込むことになるはずなのである[22]」。

アメーバや原形質が精神的本性をもっており、そのために固定的な習慣からの逸脱の傾向をもつ、という以上の話は、先の観念の説明で問題になった人間の精神の記号性、連続性の問題をもう一度呼び戻す。人間の精神は生物としてのアメーバと比較すれば、高度な進化と発展の結果としてのまったく別種の地位をもつように見える。最低限の生物と最高度に発達した人間との間には、ほとんど共通点というべきものが見当たらない。それらはまったく異種の存在であるように思われる。しかし真実には、この区別は見かけだけのものである。人間の精神もまたアメーバと等しい、不定形で不安定的な非独立性をもっている。そして、観念の質的広がりにもとづく連続性と、個々の観念のエネルギーにもとづく積極的な自己主張や成長という二つの傾向は、互いに合わさることによって、一般化の傾向というものを生み出している。この傾向は、精神の社会性という方向や、さまざまな思考のあり方において認められる記号的性格としても発揮されている。これが観念の時間的な連続性とならぶもう一つの連続性であるところの、他者との結びつきというエレメントである。

たとえば、われわれの観念のはたらきには、一つの人格から他の精神への影響と、それを通じた共通の意識、あるいは共同体的意識の成立ということがある。人格とは意識の連続性であるが、それはすでに見たように一連の観念の連鎖以外のものではない。この連鎖の複数の融合が、すなわち一般的精神、共同体的精神にほかならない。観念の連続性は単に一つの意識の流れをつなぐだけではなく、複数の流れの融合や分離をも担うことになる。そしてこの融合が意識の社会性の基盤をなしている。したがって、孤立的な個々の観念というイメージが誤っているばかりではなく、われわれがふつうに考える個人という概念もまた誤りだということになる。観念の本質が連続的なものであることを理解するとき、われわれは人間が記号的存在であり、社会がこの記号の体系であることをもっとも明白に理解する。

個人とは記号的存在であり、真理の在り処としての共同体と対比されるかぎり、むしろ誤謬と無知のすみかでしかない。それはいわばスライムのようなものであり、それぞれ孤立しながら同時に連携しあっている。このことを、パースはここでもシェイクスピアの言葉を借りて、「ガラスのように脆い人間の本性」という言葉で表現する。アメーバ、スライム、ガラスのように薄く壊れやすい存在——これらはみな同種の存在なのである。

個人としての人間が、仲間から離れた存在、彼と彼らからなる共同体から分離したものとしてその独立存在を示すとき、その存在は無知と誤謬としてしか明らかにならない。それゆえ、彼の存在はただの否定でしかない。それがあの

誇り高い人間、
もっとも確信していることについてもっとも無知であり、
ガラスのように脆い本性。

である。(23)

結局、以上のような種々の存在領域の通覧からえられる結論は、精神と物質とは異質な特徴をもちながらも、本質的に別々のものとはいいがたいということである。それらはその根源、原初においてつながっている。この根源から発出した存在として、すべてのものは習慣を作り、それを成長させる本性をもつ。精神とは、伝統的な哲学において考えられてきたように、個々ばらばらで原子的な、つまり互いに孤立したアトミスティックなものとしての「観念」からなる世界ではない。それは互いに影響し合い、一般化し成長する作用という意味に解釈しなおされたかたちでの、観念＝記号の世界で

ある。人格は記号であり、人格同士もまた記号的につながっている。そして、この互いに影響し合い、習慣を作り、成長する性質は、物質においても、たとえば原形質の分子論において確認できる。したがって、現実世界の存在論を連続性の観点から眺めたとき、世界は連続する精神と連続する物質からなり、さらには精神同士のあいだも、精神と物質のあいだも連続し合っているものとして、現れることになる。それはデカルト以来の古典的な心身の二元論から最大限に距離をおいた、心身の連続性の世界である。連続主義の存在論は明らかに徹底した反デカルト主義ということになる。

さて、われわれはこれらの主張からなるパースの存在論が、「シェリング流の客観的観念論」に連なるものであることを、すでに確認ずみである。またこの存在論が、デカルトと同じ一七世紀の反デカルト主義ともいうべき、ケンブリッジ・プラトニズムに重なる面をもつことも見てきた。そして以下のアガペー主義では、彼の思想のスウェーデンボルグ主義的一面についても触れることになる。したがって、パースの思想が反デカルト的性格のものであることには何の不思議もなく、この哲学が反デカルト主義としてのロマン主義に共感をもつ哲学であることにも疑いはない。しかし、こうした思想上の近親性のゆえに、この自然哲学を伝統的な意味での純粋にロマン主義的な哲学、あるいは非合理主義として理解するとすれば、それはまた一面的な理解ということになるだろう。

彼の存在論はたしかに生気論的であり、有機体的であり、精神主義的である。しかし同時に、こうした観念論の特徴が全面的な偶然主義と結びつき、物質についての新しい概念の示唆と結びついている点も、けっして無視されるべきではない。彼は物質の法則的特性の不確定性や、機械論的側面と流動的側面の共存を強調し、さらには粒子にかんするビリヤード・ボールのような原子論的描像の不十分さを指摘して、その星雲的構造を最大限に強調していた。それは旧来の客観的観念論そのままの自然像ではなく、「偶然主義的観念論」という新たな自然観である。解釈者のなかには、彼の自然観がその数十年後に成立した量子論的物質観の先駆者としての面をもっていることを指摘する者もいるが、たしかにこれら二つの自然観には符合し合う面が目立っている。そしてこのほとんど量子論的物質観ともいえる自然観が、連続性というメルクマールを通じて宇宙のいっさいの事物との全体的連接にあることに注目すると、この理論は今日的観点からは、量子論を基礎においたある種の全体論的な世界観に通底しているようにも見えてくる。ここでいう今日的な全体論とは、たとえばデイヴィッド・ボームが『全体性と内蔵的秩序』で描いているような、「境界をもたずに流れる不可分の運動である存在の総体の、破れることのない全体性」の世界のことである。いっさいが「連続体のなかを泳いで」いるというパースの世界とは、したがって、一方で古めかしい自然哲学の残響を残しながらも、他方では超現代的な理論との共鳴を響かせる世界なのである。[24]

それでは、精神と物質という、本質的にはつながり合いながらも、この現実の宇宙で別々のものとしての特徴を際立たせているところの、これら二つの存在領域は、この世界の進行の過程のうちで、どのようなものへとその関係のあり方を変えていくのであろうか。いいかえれば、宇宙の大局的な進化の過程のなかで、これらの関係はどのようなものになっていくのであろうか。精神と物質との関係をこのような時間を通じた視点から捉え、それによって宇宙のダイナミックな変化の構造を論じるのが、連続主義とならぶもう一つのドクトリンであるアガペー主義である。

アガペー主義は宇宙のマクロの論理であり、同時に宇宙の死の論理でもある。この特異な性格のために、この理論は連続主義以上に振幅の大きい、ある意味では分裂した性格の議論からできている。その独特な理論について、次に見てみることにしよう。

3 創造する愛／形成する愛

連続主義と並ぶもう一つのドクトリン、アガペー主義は、『モニスト』の宇宙論にかんする論文シリーズの複数の論文で扱われているのではなく、最後の論文「進化的な愛(Evolutionary Love)」(一八九三年)において集中的に論じられている。このテーマはいわば、この哲学的宇宙論体系の結論にあたるものである。

論文の表題が示すように、パースが論じるのは、宇宙の進化においてはたらいていると考えられる愛の作用ということである。しかし、いうまでもなく、宇宙の進化における愛のはたらきと唐突にいわれても、一見したところこの二つのものはまったく無関係であり、それらの関係を考えることはほとんど不可能であるように思われる。「進化的な愛」ないし「進化する愛」という概念は、一度聞いただけでは、不条理できわめて無責任な思想といわれてもしかたがない。少なくともそれが幼稚で滑稽な響きをもっていることは、認めざるをえないであろう。

実際にアガペー主義の思想は、偶然主義や連続主義のドクトリンと比べても、その名称の由来からして不分明であり、内容的にも粗削りである。彼の宇宙論の結論部をなす思想としては、この思想はいかにも不安定で釣り合いを欠いている。しかし、すでに述べたように、その混沌として不安定な思想構造のうちに、一種の哲学的アクアリウムのような面白さがあるということを肝に銘じて、ここでも彼の議論をなるべく忠実に追跡してみることにしよう。

アガペーというこのテーマは、彼の進化論的な宇宙論の大枠においては、宇宙の結末へと向かう方向性を論じるとされているわけであるが、なぜここで神的愛のテーマが登場するのかという、その理由は、さしあたっては直接に宇宙論に関係するというよりも、むしろ「進化論」ということにかかわっており、とくにダーウィン的進化論をどう評価するのかという問題にかかわっている。ダーウィンの『種の起源』の出現は、いうまでもなく一九世紀の思想史のなかでも最大級の決定的出来事であり、きわめて広範な領域に多大な影響を与えたわけであるが、パースはこの思想の出現に、一九世紀の知的活動の二つの特徴が集約的に現れていると考える。そして、その二つの特徴にたいする反省の結果として、アガペー主義という立場が考えられると主張するのである。

まず、パースはダーウィンの進化論について、「科学の論理」にかんする一九世紀の新しい思想の体現者という性格に注目する。この時代の新しい論理は、「偶然が秩序を形成する」という思想であり、この思想は自然科学における非保存的な運動にかんする分析法として結実した。ダーウィンの『種の起源』は、この論理を有機的な世界に適用した理論として特徴づけられる。

ケトレの社会物理学、クラウジウスの熱力学、マックスウェルの電磁気学、等々――。これらの人々はみな、ニュートン力学に代表される時間的進行にかんして対称的な力の変化、つまり「保存的な力」の変化の科学とは異なる、非保存的な力の変化を分析しようとし、そのために時間を通じた全体の様相の変異、相貌の転移の論理として、確率論的な分析の応用を考えた。つまり、さまざまなランダムな現象の時系列に沿った変化の記述のためには、偶然的な事象の大局的な変化の記述法が重要であり、そのための道具として、確率的記述という方法が有用であると考えた。ダーウィンの考えの革命的性格は、この方法を生命の種の変化に応用できると見抜いたところにある。つまり、無数のメンバーの間での偶然的な変化の蓄積が別の種の発現につながるという発想である。そして、すでにたびたび見てきたように、パースの宇宙論もまた、この「偶然が秩序を形成する」という考えを出発点としている。したがって、ダーウィンの方法を反省することが、宇宙論におけるこの考えの適用の方向を示唆するものと考えられたのは、ある意味では当然のことである。

パースが、ダーウィンにかんして問題視するもう一つの側面は、その社会思想的側面である。彼によれば突然変異と淘汰という二つの柱からなるダーウィンの思想の片方を構成する、「最適者生存の原理による自然淘汰」という考えは、一九世紀の根本的な人間観である、個人における自己利益の追求のモラル、つまり利己主義の精神を、生命界の論理に拡張したものにほかならない。この点ではダーウィンの説は、ベンサムやミルの功利主義の原理の延長にあるとされる。それは「ポリティカル・エコノミー的な進歩観を動物ならびに植物の全生活領域に拡大させたもの」なのである。

たしかにベンサムやミルの思想は、単純な利己主義を宣揚したというよりも、むしろ最大多数の最大幸福という原理のもとで、公共性の観点から社会の改良を主張する立場であり、けっして個人の利益のために社会の大多数の不幸がもたらされてもかまわないという、粗野な利己主義、あるいは弱肉強食のイデオロギーを主張した思想ではない。しかし、この最大多数の最大幸福に含まれる計算主義的なモラルの考え方は、道徳の問題をポリティカル・エコノミーの観点から捉える視点の延長線上にあり、パースにとってはこの経済学の観点こそ、一九世紀を特徴づける「貪欲の福音(The Gospel of Greed)」の象徴である。したがって、ダーウィンの自然淘汰の考えが、マルサスやベンサムの社会思想を援用したものであるかぎり、その理論はまず、貪欲の福音の一ヴァージョンとみなされるのである。

さて、パースはダーウィンの進化論がもつ、一九世紀の思想に含まれる二つの根本的特徴との近親性について注目したわけであるが、このうち前者については、それが生物進化論としていかに強力なものであるとしても、存在者一般を扱う宇宙の進化モデルとしては不十分であると考える。というのも、それは前節で明らかにした「習慣」の連続性を核とする存在論と、完全には合致しないからである。

周知のように、一九世紀の進化論には、ダーウィンの理論以外にも、さまざまな観点からの生物進化論が提唱されていた。パースは論文「進化的な愛」において、これらの進化論を三つのタイプに分類する。それは、ネーゲリ、ケリカー、ワイスマン、キングらの「機械論的必然性による進化論」と、ダーウィンの「突然変異による進化論」、ラマルクの「習慣の進化論」である。

まず、機械論的必然性にもとづく進化論とは、あらゆる生物進化の原因を内的あるいは外的な必然性に求める理論である。たとえば、ドイツのカール・ネーゲリの『進化論の機械論的・生理学的理論』(一八八四年)によれば、物質の運動法則と原形質のもっている特異な分子構造とによって、生命の形態はますます複雑なものになることが必然であるとされる。これは生物に内在する生理学的必然性からする進化である。一方、アメリカの古生物学者クレランス・キングは、『大変動と環境の進化』(七七年)において、地質学上の遺跡や岩石の証拠にもとづいて、生命の種は平常時には不変であるが、地殻の大規模変動や地質の急速な変化、あるいは空気や水の化学的組成の変化によって、新しい種が生まれるとしている。これは、生物にとって外的な原因によって必然化された進化である。これらの理論はその原因にかんして対立しているとしても、進化を必然性に帰着させることから「必然的進化論(anancastic evolution, anancasm)」と呼ばれる(anancastic は、ギリシア語の必然性、アナンケーからきている)。

ダーウィンの突然変異による進化論は、これらの必然主義に鋭く対立する。それは偶然的変異の余地を含んだ形質遺伝と自然淘汰による進化の理論であり、生命現象を確率的な論理にもとづく偶然ゲームの推移によって理解するものである。たとえば、百万人のギャンブラーが一堂に会して長時間にわたって賭けのゲームを繰り返せば、次々と破産する者が出る一方で、勝ち残る者の富の平均はますます大きなものになるであろう。彼の進化論は、クラウジウスの熱力学やマックスウェルの電磁気学と同様に、時間的に非対称な現象のもつ確率統計的性格に焦点を当てたものであるが、この種の現象の原形を提供するのは、ギャンブラーたちによる賭けのゲームの理論である。生命の進化現象を偶然の事象の統計的推移によって説明するこの種の進化論は、ギリシア語の偶然(テュケ)によって、「偶然的進化論(tychastic evolution, tychasm)」と呼ばれるべきである。

これら二つの理論は、必然と偶然という対立する観点に立つとしても、いずれも生物の個体の生存のあり方そのものとは独立の条件によって進化を説明する理論である。これに対して、第三のラマルクの習慣の進化論は、個体の生存中にも、努力と訓練を通じて、種の進化の基礎がえられるという理論である。この理論は、生物における獲得形質の遺伝を認めるわけであるが、この獲得形質の遺伝という現象には、個々の個体がそれぞれの習慣に応じて、来るべき新しい形質の予感をもち、その観念のもつ魅力に共感することで、その形質獲得への努力を行うという作用と並んで、この努力の過程のなかで、新しい形質と従来から保持している機能との調和を図ろうとする作用という、二重の作用が関与している。そして、この二重の作用は、常に新しい要素を導入しようとする契機と、その要素をこれまでの機構や機能との調和にもたらすことによって、その契機の継続を確保しようとする二面性をもったものであるという意味で、習慣のはたらきそのものであると考えられる。それは常に前方へと企投する習慣のエネルギーの「前方噴射(projaculation)」のはたらきなのである。

ラマルクのこの理論は、偶然的進化論のように進化を生物にとってまったくの無頓着な出来事とはせず、また、必然的進化論のようにまったく盲目的な出来事ともしない。それは進化における生物の積極的な参与を認める点で、精神的な存在者としての生物の特徴を活かそうとしたものといえる。また、この進化論は進化の原理を習慣という、可塑的であり、同時に一定の拘束力をもったもののうちに認めることによって、進化を偶然でもなければ必然でもない、第三の次元での現象であるとする。ラマルクの説が対立する二種類の進化論の総合であるといわれるのは、彼の理論のもつこの第三の視点のゆえである。習慣にもとづくこの進化論は、新しい要素への精神的な共感の作用を出発点としているゆえに、「共感」による進化の理論、すなわち愛による進化の理論である。それゆえ、この進化論は、「アガペー的進化論(agapastic evolution, agapasm)」と呼ばれるべきなのである。[25]

パースは生物進化論にかんして以上のように三つの種類を分けたうえで、偶然と必然を軸としたこの進化論のタイプ分けが、宇宙論一般にかんしても適用できると主張する。そして、生物の進化の説明のためにどの理論が適切であるかは経験的な問題であるとしても、宇宙論的進化のモデルとしての適切さは、それとは独立に考えられなければならないとする。というのも、宇宙の進化の論理は存在一般にかかわる変化の原理であり、それはけっして地球上の生物という限定された存在領域に特有の問題ではないからである(彼は生物進化論としてのダーウィン説には、ほとんど何も否定的な評価を示してはいないが、古生物学などの観点からする必然主義にも一定の説得力を認めており、生物進化にかんする複数の視点の共存を容認している。この点で彼の生物観は、現代の生物進化論にたいする見方と、それほど隔たったものではないと思われる)。

さて、客観的観念論の存在論であるパースの自然哲学が、ダーウィンの生物進化論を不十分なものとみなし、ラマルクの進化論に共感を示すことは十分に予想できることである。少なくとも、ダーウィンの思想が反必然主義であると同時に反精神主義であることを考えれば、パースがこの思想をいかなる留保もなしに受け入れることは考えがたいことである。しかしながら、ラマルク型の進化論を習慣にもとづく進化論であると特徴づけ、それが連続主義の哲学にスムーズに結びつくことを認めるとしても、そこからこの種の進化論を「愛による進化論」と考え、それにアガペー主義という名前を与えることには、いまだ大きな飛躍がある。習慣による進化は、なぜ愛による進化と呼ばれるのか。この発想の飛躍はどこから生まれたのか。

当然のことながら、その答えを与えるのは、ダーウィンの進化論にかんするパースのもう一つの問題意識のほうである。彼はこの進化論が「貪欲の福音」の体現者であると考える。それゆえ、この側面では社会道徳的な視点における「貪欲の福音」にたいする批判として、アガペー主義を唱えるわけであるが、このことは、それが社会理論としていかなる実効性をもつ主張であるかという点を度外視すれば、それなりに納得のいくことであろう。彼は「経済の世紀」としての彼自身の時代を批判して次のように書いている。

一九世紀は「経済の世紀」と呼ばれるであろう。……この世紀は感情主義(センチメンタリズム)を一貫して非難してきた。なぜなら、それがもたらしたものこそ、前世紀の「恐怖時代」であったからである。それはたしかに真実であるが、問題の核心は、それがどの程度までそうだったのか、という点にある。恐怖時代はまったく悪しき時代であった。しかし、現代では、グラッドグラインド〔ディケンズの小説に出てくる冷酷な現実主義に立つ主人公〕の旗印が、世紀を通じて天の顔前でこれ見よがしに翻り、非礼の限りをはたらいてきた結果、天空自身が眉をひそめてゴロゴロと唸り始めるまでになっている。やがてすぐにも稲妻が煌めき雷鳴が轟いて、経済学者たちをその自己満足の惰眠からたたき起こすことであろう。彼らがその時になって悔い改めようとしたところで、時すでに遅しというべきである。二〇世紀も後半になれば、間違いなく大洪水と嵐とが社会秩序に襲いかかるにちがいない。そのときこそ、貪欲の哲学によって長期にわたり罪のなかに沈み、深く荒廃しきっていたこの世界は、すっかり洗い清められることだろう。そして、ポスト恐怖時代のこの浮ついた空騒ぎも跡形もなくなっているにちがいない。(26)

「やがてすぐにも稲妻が煌めき雷鳴が轟いて、経済学者たちをその自己満足の惰眠からたたき起こすことであろう。彼らがその時になって悔い改めようとしたところで、時すでに遅しというべきである」――パースはこのように、彼の時代に溢れる「ポスト恐怖時代の浮ついた空騒ぎ」「貪欲の哲学」を呪詛している。彼は百年後には必ずや「大洪水と嵐」が世界を襲って、「長期にわたり罪のなかに沈み、深く荒廃しきった世界」のすべてをすっかり洗い清め、忌まわしき風潮は跡形もなくなっているであろうというが、その言葉には、あたかも旧約聖書の預言者のような怒りと呪いがこめられている。ここで彼が空想的に思い描いている二〇世紀の後半という時代は、いうまでもなく現代のわれわれが生きた時代である。そして、この時代が洗い清められた世界であるどころか、まさしく彼のいう「ポスト恐怖時代の空騒ぎ」以上の、狂乱と狂想にみちた「金ぴか時代」であったことを知っている現代のわれわれの耳には、この彼の呪いはきわめて皮肉な言葉として響くであろう。しかし、奇妙なことだが、この文章の本当の皮肉はそこにはないのである。

むしろ、貪欲の哲学への批判とアガペー主義の称揚ということでいえば、皮肉はパースの人生そのものに関わっている。彼はこの論文を書いている頃、すでに学界におけるいっさいの名声と信用を失い、田舎への引退を余儀なくされていた。その彼が、やがてウィリアム・ジェイムズらの数少ない友人たちの差し延べる救いの手によって、かろうじて最低の生を確保することができるような、困窮の限りを尽くすことになるという事実こそ、彼の人生の痛切な皮肉である。パースが自らの生活を破壊し、社会から隔絶した生活を余儀なくされたのは、悪意ある他人の犠牲になったからではなく、むしろ数学者や自然科学者としての才能を自ら誇って、周囲の者を見下し、さまざまな協力を拒否したためであり、さらには無謀な投機に財産を注ぎ込んで、一攫千金の夢を追い続けたためであった。「貪欲の福音」の実践者が自分自身であったとは、パースの自己理解とは大きく食違ったものであったかもしれない。しかしそれでも、ダーウィンの進化論にかんする、この社会道徳論の角度からする批判には、いわば彼の無意識の自己懲罰ともいうべき側面が含まれている。

彼がこの思想を書いたとき、その悔恨と反省の情がどれほどのものであったかは不明であるが、少なくとも「貪欲の哲学」が自分にはまったく無関係な、愚かな大衆の思想にすぎないとは思っていなかったはずである。というのも、すでに一度触れたように、パースは『モニスト』論文シリーズの執筆途中に(一八九二年四月二四日)、目の前に迫った生活全般の破綻と、体系的思弁哲学の構想の実現という、きわめて不安定な精神的緊張のなかで、突然の神秘的体験を経験し、それによって深刻な自己反省を強いられるという契機をくぐりぬけていたからである。[27]

とはいえ、いうまでもなくアガペー主義は存在論上の原理であり、けっして行動上の実践的原理ではない。実人生においてアガペー主義を十全に発揮したのは、パース自身ではない。反対に、彼は友人のアガペー主義に頼って、どうにか生活を維持することができたのである。哲学思想と実人生の間の皮肉なずれ——この問題はどの思想家にとってもいえることではあるが、とりわけパースの思想を考えるうえで重要な点である。とはいえ、この問題はわれわれの当面の宇宙論的関心と直接結びつくテーマではない。ここではこれ以上の追及は控えることにしよう。

さて、もう一度、進化とアガペーとの結びつきの問題に戻ることにする。

以上のダーウィン論によって明らかになったことは、パースのダーウィン観のなかに二つの要素があって、それらが結びつくことによって、「愛による進化」というダーウィンとは別種の進化モデルが考え出されたのであろう、ということであった。しかしながら、このことからは宇宙の進化が愛の原理によって理解されるべきであるということは、いまだ完全には明らかになっていない。たしかに、パースの自然観は客観的な観念論の立場に立っており、物質は頽落し畏縮した精神であるという考えを採用しているのであるから、宇宙の進化は自ずから精神的な原理に従うということになる。しかし、たとえ自然の変化の根本原理が精神的なものであるとしても、その原理の内実をアガペーであるとすることには依然として議論の飛躍がある。

精神の原理の一つとして「共感」ということがあるのは認められるであろう。そして、習慣の形成には共感の側面が含まれていることもまたたしかである。しかし、共感がすべてアガペー的な愛であるとはかぎらない。そもそも、世界の進行の原理を精神的共感であると想定しても、その精神は何にたいして共感するのか。また、第三性としての連続性や習慣の成長に共感の原理と同形のところがあるとしても、この共感は具体的にはどのような意味で物質的世界の規則性の発達と結びつくのか。さらには、精神と物質的世界との結びつきが、なぜ特にアガペーという特殊な用語で語られるのか。これらはすべて謎のままである。

共感の特定の種類としてのアガペーの中身を明らかにし、それと宇宙の進行との関係になにほどかの説明を加えなければ、パースのアガペー主義は結局無内容なものということになるであろう。その意味で、以上のダーウィン論としてのアガペー主義は、あくまでも事柄の半分を述べたものにすぎない。それはパースの同時代にたいするメッセージを伝えはしても、その宇宙論的ヴィジョンの伝達には寄与するところは少ない。その宇宙論的次元を理解するために、われわれはやはりどうしても、彼のスウェーデンボルグ主義への共感を見なければならない。パース自身は厳密な意味でのスウェーデンボルグ主義者ではない。しかし、彼はその世界創造をめぐる思想のパターンが、彼自身の宇宙論のスキームの具体化に役立つと考えた。彼はいわば、そのヴィジョンの描写のために、スウェーデンボルグ主義者の表現に助けを求めるのである。

ここで、改めて彼のアガペーの理解を直に見てみることにしよう。

次の文章は「進化的な愛」冒頭の第一段落である。この段落は一つの段落の文章としてはあまりにも長すぎて、哲学のドクトリンの導入部としてはかなり不適切な書き方であるように思われる。何よりも話が蛇行して議論が錯綜していて、一読して何がいわれようとしているのか、よくわからない。しかし、まさにその錯綜する様子から、われわれは科学的思考と宗教的思索との総合を図ろうとする、彼の格闘のようなものを感じることができるともいえる。この文章はたしかに長すぎるのであるが、アガペーをめぐるパースの考えの背景にある何重かに屈折した思想的文脈が読み取れるので、以下にほぼ全文を引用してみることにしたいと思う。

哲学は、神話というその黄金色の蛹の殻を脱ぎ捨てるやいなや、宇宙の偉大な進化の作用者は「愛(Love)」である、と宣言した。ただし、海賊の言語である英語は、こうした高尚な概念にふさわしい言葉に乏しいので、われわれはむしろ、溢れ出る愛としてのエロース(Eros, the exuberance-love)、という表現を使うべきであろう。その後、エンペドクレスが宇宙の対応する二つの力として、情熱的愛と憎しみとの対を設定した。この愛は親切心という言葉で語られることもある。しかし、いずれにしても、それが対立概念の対をなすときにはつねに、その上位の対立項の側に、愛が達成しうる最高の位置というものが据えられたのである。ところが、こうした愛についての対立項的考えがよく知られていた時代に、かの存在論的な福音書の筆者(ヨハネ)は、それによっていっさいの事物が無から生ぜしめられたところの、あの一なる至高存在が慈愛にみちた愛(cherishing-love)そのものである、としたのである。神を愛と同一視した彼は、何を憎しみの対象とすべきだといえるのだろうか。『黙示録』の筆者はヨハネかもしれないが、彼が迫害の苦しみの果てに怒りにかられた結果、何を夢見たのかという問題は、ここでは無視することにしよう。……問題とすべきなのはむしろ、正気のときのヨハネが、その思想を整合的に展開しようとしたら、何を考えたのか、あるいは何を考えるべきであったのか、ということである。彼は「神は愛である」といったが、この言葉は、『伝道の書』の筆者たちが、「神はわれわれのうちに愛を植えつけたのか憎しみを植えつけたのか、わからない」といったのにたいして、向けられた言葉であるように思われる。「そうではない」とヨハネはいう。「われわれにはそれがわかるし、それは非常にはっきりとしている。われわれは、神がわれわれのうちにもっている愛を知っており、それを信じてきた。神は愛である」。この言葉は、神がすべての人を愛するという意味でなければ、まったく論理に反した言葉になってしまうだろう。この言葉の前のパラグラフで、彼は次のようにもいっていた。「神は光であり、神にはいかなる闇もない」。それゆえ、闇は光の欠損であり、憎しみと悪とはアガペーとアガトーン(愛すべき徳)の不完全な段階にすぎない、と理解するべきなのである。この点は、ヨハネの福音書に書かれている次の言葉と合致する。「神がその御子をこの世界に遣わされたのは、世界を裁くためではなくて、世界が御子を通じて救済されるためである。彼を信じる者は裁かれず、彼を信じない者はすでにして裁かれている。……裁きとは、光がこの世界に到来していながら、人が光よりも闇を愛したということである」。いいかえるならば、神は人々に罰を加えることはなく、罰はただ、人々が欠損のあるものにたいする生来の親和性のゆえに、自分で自分を罰しているのである。それゆえ、神がそれであるところの愛とは、その反対が憎であるような愛ではない。もしもそうであれば、サタンが神と同格な力になってしまうであろう。そうではなくて、この愛は憎をそれ自身の不完全な段階としてうちに含む愛であり、応答する愛としてのアンテロースを内包する愛である——それどころか、むしろ、憎しみと嫌悪とを自らの対象として必要とするような愛なのである。なぜなら、自己愛は愛ではない。したがって、神の自己が愛であるとしたら、神が愛するものは愛を欠いたものでなければならない。それはちょうど、光を放つものが明るくすることができるのは、それなくしては暗いものにたいしてだけであるのと同じである。スウェーデンボルグ主義者のヘンリー・ジェイムズは、次のようにいっている。「他者のなかにおいて自己を愛すること、自分の自己への類似さのために他者を愛することとは、有限的で被造物的な愛としてはきわめて許容されるべきことであるが、しかし、こうした愛と「創造的な愛(creative Love)」とのコントラストくらいはなはだしいものはない。後者のもつ優しさ(tenderness)は、その言葉の本義からして、自分自身にもっとも厳しく敵対し、否定的であるようなものにたいする愛だけに、とっておかれねばならない」。これは『実体と影——創造の物理学』からの引用である。非常に残念なことに、彼はこの書物の全篇をこの種のテキストで埋めるかわりに、創造の物理学をすっかり忘れて、読者と世間の人々一般を叱りつけることに精を出している。……とはいえ、いかなる天才であっても、悪の問題への永続的な解決を与えるような崇高さをもって、すべての文章を作ることは不可能なことであろう。(28)

「哲学は、神話というその黄金色の蛹の殻を脱ぎ捨てるやいなや、宇宙の偉大な進化の作用者は「愛」である、と宣言した」。右の引用の冒頭にはこうあるが、これはおそらく、パースが愛読していたディオゲネス・ラエルティオスの『ギリシア哲学者列伝』において、「神々の本性と誕生について書いた最初の人」と呼ばれている、シュロスのペレキュデス(紀元前六世紀)を念頭においたものであろう。パースは同時期に行った科学史の講演において、ドイツのギリシア哲学史家ツェラーの著作に依拠して、ペレキュデスこそがピュタゴラスの師であり、その思想によれば、「創造者は宇宙を形成するために、まず自らをエロースに変身させなければならなかった」とされていた、と述べている。(29)ディールス-クランツ編集の『ソクラテス以前哲学者断片集』には、宇宙の起源にかんするペレキュデスのテキストがいくつか収められているが、たとえば新プラトン主義者プロクロスの次のテキストは、まさにこの解釈の源泉になったものであろう。これはプロクロスによって書かれたプラトンの宇宙創造論『ティマイオス』の注釈のなかで述べられたものである。

創造を始めるにあたり、ゼウスはエロスに姿を変えたとペレキュデスは言った。なぜなら、宇宙を反対的なものどもから構成するときに、これらを協調と友愛へと導いて、すべてのものの中に

同一性と万有にゆきわたる一性とを植えつけたからである。(30)

ペレキュデスのこのエロースは、「宇宙を反対的なものどもから構成する」ことで、すべての事物のうちに協調と友愛を生み出していったとされるが、このエロースが対になったものとかかわると考えられた点が、エンペドクレスでは愛と憎の一対という思想となって引き継がれた、とパースはいう。ところが、「神は愛である」という宣言とともに、ヨハネの福音書に登場するアガペーとしての神的な愛とは、こうした憎との対になった愛とはまったく異なり、それ自身で憎むものをも包み込んでしまうような、別種の愛の観念であるという。

宇宙の始まりがエロースにあるという説は、いっさいの事物の誕生の源、生産の原理としてのエロースへの注視として、きわめて常識的な考えである。ところがパースはこの常識的な見方にかえて、アガペーの思想を導入しようとする。そのアガペーの思想とはヨハネ福音書の思想である。このヨハネ福音書の愛の思想こそが、パースが念頭においているアガペーの観念であるが、この考えをパースの時代に復活させたのは、先のテキストからも明らかなように、ヘンリー・ジェイムズ(父)である。そして、ジェイムズ父はその思想をスウェーデンボルグから継承したのであり、パースもこの思想がスウェーデンボルグ主義であることを断っている。いいかえれば、パースが念頭においているアガペーの思想とは、ヨハネ、スウェーデンボルグ、ヘンリー・ジェイムズ(父)、という系譜のもとにある思想であるということになる。(ヨハネはここでは「かの存在論的な福音書の筆者(the ontological gospeller)」と呼ばれている。そのヨハネが『黙示録』の筆者と同一人物であったのかどうかについて、彼は断定を避けている。ただ、福音書の筆者が「その思想を整合的に展開しようとしたら、何を考えたのか、あるいは何を考えるべきであったのか」こそが論じられなければならず、この点を解明したのがスウェーデンボルグ＝ジェイムズであった、というのである）。

それではなぜ、宇宙の進化の原理はエロースであってはならず、アガペーでなければならないのか——。このことを理解するためには、スウェーデンボルグの思想の特異性と、それが彼の独特の精神‐物質主義、いいかえれば客観的観念論にたいしてもつ意味を確認する必要がある。

スウェーデンボルグ（Emanuel Swedenborg, 1688–1772）は、一八世紀にスウェーデンで活躍した科学者、神秘思想家である。彼は「北方のアリストテレス」と呼ばれるほど、幅広い分野での天才的科学者としてヨーロッパ中に名声を鳴り響かせ、五〇歳までに七七冊の科学書を出版、その成果のなかには、カントやラプラスらに先行する太陽系の渦巻的形成モデルや、フランクリンに先行する電気の理解、あるいはフロイトに先行する無意識論など、真に革新的な理論の数々が含まれていた。五〇歳以降は宗教思想家に転向し、科学書とほぼ同量の思想書を出版し続けた。彼は「見えない教会」としての「新しいエルサレム」を提唱したが、その思想に共鳴して彼の死後スウェーデンボルグ教会が生まれ、その流れが今日まで世界の各地に続いていることは、よく知られているとおりである。

一方、ヘンリー・ジェイムズもまた、その思想上の師に劣らない、きわめて多産な著作家であった。彼がニューヨーク州有数の資産家の子供の一人として生まれ育ち、もっぱら宗教思想家として人生をすごしつつ、ウィリアムとヘンリーというアメリカの哲学、文学の代表的天才を育てたことは、改めて確認するまでもないであろう。彼はエマソンからの紹介でイギリスにおいてコールリッジらと知り合いになり、その仲間の紹介でスウェーデンボルグの思想に触れることになった。そして、その生涯の著作のほとんどすべてにおいて、この思想を解説するという仕事に従事することになる。スウェーデンボルグについては、ジェイムズ以前にすでにエマソンが一個の神秘主義者としてその天才を称揚していたが(『代表的人間』の「神秘家」の章)、ジェイムズはスウェーデンボルグを神秘思想家であるとは考えなかった。ジェイムズにとってのスウェーデンボルグは、自然的宇宙がその鏡であるところの、精神的宇宙と精神的存在についてのヴィジョンを記録しただけであり、けっして神やヴェーダンタとの同一性や合一を主張したわけではなかった。彼は、マタイやマルコやルカやヨハネと同様に、非常に謙遜な態度で、事実だけを述べた人なのであるが、それによってわれわれ読者に、「創造的真理の核心そのものの明澄かつ予言的な瞥見を永遠に与え続ける」ことになったのである。[31]

スウェーデンボルグの膨大な著作のなかでも、その神学思想をもっとも体系的に述べたものは、『真のキリスト教的宗教、新しい教会の普遍的神学を含む』(一七七一年)であるといわれている。彼はそこで、神の「存在(Esse)」「本質(Essentia)」「現実存在(Existentia)」について論じている。神の存在の解明とは神の形而上学的な規定であり、神の本質の解明とはその道徳的・精神的規定であり、神の現実存在の解明とはその力学的な規定である。これらの三つの観点による究明によって、神の存在とは「無限性」であり、神の本質とは「愛と知」であり、神の現実存在とは「創造と再生」であることが明らかにされる。これは、神のあり方は無限であり、はたらきの原理は愛と知であって、それが創造の過程において現実的に作用する、ということである。

スウェーデンボルグによれば、ヨハネの「言葉は神とともにあり、言葉は神であった」という命題において、言葉は知を意味し、神は神的愛を意味している。すなわち、世界は知恵を伴って愛から生まれた、ということである。いいかえれば、神は世界をその属性すべてとともに、知恵によって愛から創造したために、神的な愛は神的な知とともに、すべての被造物に含まれている。スウェーデンボルグは無からの創造を否定して、創造とは形成と同義語であり、世界の進行そのものが、神の創造の側面からと、被造物の形成、再生の側面からの、二通りの仕方で捉えることができるとする。人間は神の創造のもとにあるかぎりで、その知恵と愛を受け取る受動的存在であるが、同時にこの愛に満たされるかぎりで、積極的に神との交流に入り、永続的な創造の作業に関与する。スウェーデンボルグにとっては、この永続的な創造作業こそ、通常「罪の償い」と呼ばれる事態であり、人間はこの作業を通じて天上的世界への階梯を昇るのである。

ジェイムズはスウェーデンボルグのこの思想をほぼそっくり採用し、この思想とフーリエの社会思想とを混合することによって、愛にもとづく人間の社会の再生を説くことを天職と考えた。彼はその特異な生い立ちと過激な説教によって、非常にユニークな社会思想家として知られたのであるが、しかし自分自身の思想の方向はあくまでも哲学であると考えて、「哲学の唯一の問題は創造の問題である」と主張し続けた。ジェイムズにとって創造の問題とはすなわち神の愛の作用の問題であったのだから、その哲学の唯一のテーマは愛であったということになる。社会思想家としての彼のイメージは、その愛の哲学を基礎にした理論の副産物だったのである。

さてパースは、このジェイムズが主題とする神的な愛について、「慈愛にみちた愛」「創造的な愛」と呼んでいるが、この創造的な愛とは何を意味するのか、それは本当にジェイムズのスウェーデンボルグ的な思想に即したものとして理解してよいのかどうか、先のテキストからはいまだ判然としない。しかしながら、幸いなことにパースはこの論文よりも二〇年ほど前に、ジェイムズの『スウェーデンボルグの秘密』の書評を行っており、そのなかでジェイムズ＝スウェーデンボルグの創造即愛の思想を要約してみせている。それはわれわれが先に見たものとほぼ同じスウェーデンボルグ思想の要約である。つまり、パースにとっては、創造のはたらきが自然形成の論理に等しく、その論理とは愛であるというジェイムズ＝スウェーデンボルグ説を援用するための、素養が備わっていたことを、この書評からうかがうことができる。そこで、繰り返しになるが、以下にこの要約も引用して、彼のアガペー理解をもう一度確かめておくことにしよう。

物の現れ (appearance) は意識においてのみ存在する。それゆえ、何かを創造すること、つまりそれが現れるようにすることとは、意識を覚醒させ、賦活することである。存在を与えることは、生を与えることであり、あるいは存在とは生なのである。したがって、神の存在とは創造であり、他の事物を賦活し、そのもののうちで生きることである。しかし、他のものにおいて自己の生を生きることとは愛することである。したがって、神の本質は愛である。被造物の存在も他のもののうちにあり、すなわち神のうちにある。それゆえ、その生もまた愛である。違いはただ、被造物の場合はその生を他者に付与するのではなく、むしろ他者から受け取るのであり、創造者の愛が完全で非利己的であるのにたいして、その愛が受動的で利己的であることである。したがって、創造者とは完全な愛のことであり、創造の作業は愛の原理にもとづいて説明されるのである。

創造者はそれゆえ、その被造物を自分自身のために作ったということはありえず（というのも、愛は自分のためには何もしないからである）、それらのために作ったのである。それゆえ、彼はそれらを可能なかぎり独立な存在にするように、最大限努めなければならない。それらの存在が神のうちにあるかぎりで、それらが有しうるように見える独立は単なる幻想であろうが、しかしその幻想を、神は与えなければならないのである。そこで神はそれらに現象の世界を与えるが、その世界のなかで、またその世界に相対的に、被造物は実在性と自己決定ということとを享受するのである。

とはいえ、神からのすべての離脱、その存在からのいっさいの非同一性は単なる自我であり無であるのと同様に、創造者もこの点までしか到達しないような創造には満足することができず、創造のうちにもう一つ別の運動を設定せずにはいられないであろう。その運動とは、被造物が彼との調和へと連れ戻され、それによってその創造者の存在の意味を真に噛み締めることになるような運動である。この帰還の運動が贖罪と呼ばれるのである。

このプロセスの構造とは人間の歴史であり、それゆえに当然ながらきわめて複雑なものである。それは二つの部分からなる。一つは民族の贖罪であり、もう一つは個人の贖罪である。民族の贖罪はその民族の歴史において執行される。それは統治形態の崩壊や家族関係の発展、とりわけわれわれの主の受肉顕現において絶頂を迎える教会の栄枯盛衰というかたちで執行される。こうした手段を通じて、人々の間に兄弟愛というものが生まれ、各人が強制なしに社会の法に従うようになるのである。個人の贖罪は、その人の生と良心の影響のもとで生み出される。これらが彼をして宗教の真理を知覚させるように導く。この個人の贖罪において、創造過程は終結を迎えるのである。[32]

「創造者は被造物を可能なかぎり独立な存在にするように、最大限努めなければならない。……とはいえ、創造者は創造のうちにもう一つ別の運動を設定せずにはいられないであろう。その運動とは、被造物が彼との調和へと連れ戻され、それによってその創造者の存在の意味を真に噛み締めることになるような運動である」。神の愛はこのように、神がその被造物を可能なかぎり自存的・独立的なものになるように努め、それによってその実在世界というものを所有することになるようにしながら、同時にそれらが贖罪を通じて創造者のもとへと帰還するように運動させることである。いいかえれば、被造物を循環的な運動のもとにおき、独立と同時に帰還という作用へ向かわせることである。ところが、この神学においては神の側からの創造とはすなわち世界の形成や進行の過程そのものである、ということなのだから、神の愛の作用は、自然世界の観点のほうから見れば、独立自存の方向へ向かう形成過程が無限存在の愛のはたらきのほうへと帰還する、自然の運行そのものであるということになる。そうであるとするなら、しかし、自然のこの独立と帰還という運動は、宇宙論として見た場合に、いかなる宇宙進化の議論を意味しているというのであろうか。

パースは、実際には右のジェイムズ父の『スウェーデンボルグの秘密』の書評において、この思想がもつ価値について論じつつ、一方ではその用語の特異性や議論の運びの性急さについて苦言を呈しているが、こうした個々の問題についてはここでは省略してもさしつかえないであろう。われわれとしては、以上のようにパースのアガペー理解を押さえるだけで、当面の目的は果たしたことになる。いずれにしても、以上のようなアガペー解釈を見たところで、最後にこの宇宙論の問題をどう理解したらよいのか——このことを考えておくことにしよう。

もう一度、以上のようなスウェーデンボルグ思想の特徴を列挙すると、次のような特色ある思想が浮かび上がる。

一、世界の創造にかんしては、無からの創造は否定されなければならない。創造とは「形成」にほかならず、無定形なものにかたちを付与することを意味する。形成は世界の進行と同時なのであるから、この創造過程は永続的である。

二、自然の形成は、その形成者、作用者の本性とはまったく異質なものを形成するというしかたでなされる。それは完全なものがまったく不完全なもの、悪なるものを作り出し、その独立を促す作業である。

三、しかし、不完全なもの、悪なるもののうちに、完全なものとの共感を感知する契機が与えられており、不完全なものは贖罪というしかたで完全なものとの調和への途をたどり始めることになる。

四、これらの独立と帰還の過程全体の形成と運行こそが、愛による創造ということの真の内実である。

他方、本章のはじめにおいて確認したように、パースの宇宙論においては、宇宙はある一つの無から別の無へと進行する壮大な過程であるとされていた。このうち、最初の無とはまったく何も存在しないという意味での無ではなく、すべてが混沌としてかたちをなさないという意味での無であった。そして、もう一方の宇宙の終わりにおける無とは、いっさいの事象が法則的な網の目のなかに収まり、すべてが体系の一部に組み込まれており、本来宇宙の本質的な要素であるはずの「偶然」というものが完全に消滅した世界となっている、ということであった。いいかえれば、宇宙はすべてが偶然からなるために無であるとしか考えられない世界から、すべてが法則的であるために無であると見なされる世界へと移行する、というのがパースの進化論的宇宙像の要点であった。

ここで、この宇宙進化のプロセスが、最終的にある種の「死」を迎え、終結するといわれたのは、偶然の消滅が精神の消滅に等しいと考えられているからである。というのも、精神こそ宇宙の根本的な原初の偶然性、自発性をつかさどる存在であり、この偶然性が消滅するということは、とりもなおさず精神が絶滅するということを意味しているからである。そして、精神が宇宙の原初の本質であるとすれば、それが死滅し消滅した世界とは、物質が完全に支配する世界であり、いわゆる機械論的な法則のもとに体系化した、あらゆる法則からの逸脱や自発性を廃棄した世界のことである。自発性の海としての宇宙の誕生から体系化の完成としての宇宙の死までのプロセスは、したがって、その世界を作り出した精神から、世界が徐々に独立していって最終的に異質なものに変貌するプロセスにほかならない。つまり、世界の創造の原理が精神であり、アガペーであるとすれば、そのアガペーのはたらきはまさしく、自らに異質なものの独立化を推進するような、神的愛の無償の自己否定的作用になぞらえることができるのである。

しかし、宇宙の法則化の完成とは何を意味するのであろうか。いっさいが法則のもとに組み込まれるような世界全体の体系化とは何のことなのか。それは本当に機械論的自然の貫徹を意味しているのであろうか――。

とはいえ、いついかなるときにも、純粋な偶然というものは残存し、それは世界が絶対に完全で、合理的で、対称的な体系になるまで存続することであろう。精神もその無限の遠い将来において、最終的に結晶するのである。(33)

実際には、パースの哲学において、いわゆる古典的な意味での機械論的な世界の法則化の完成はいかなる意味でも問題になってはいない。重要なのは世界がより「合理的(reasonable)」なものになりつつあるように見える、ということである。そして何かが合理的であるとは、その何かがわれわれの精神の推論にとって自然なものとして現れ、その美しい理解が可能であるということである。つまり、自然世界の精神からの独立の過程は、その進展、進化において同時に、自然のより調和のとれた体系化に達することを意味する。自然世界はそれがわれわれの推論と同じ論理に従って変化するように整えられたとき、もっともその理解が容易になり、もっとも美しい世界として捉えられるようになるであろう。物質的世界の体系化とは、実際には、この推論的構造あるいは数学的構造の鏡としての自然の完成ということである。この精神の鏡としての世界へと向かう運動こそ、アガペー的進化の二番目のモーメントである、贖罪としての帰還の運動である。世界は物質的に独立していく。しかし、それはその独立した物質的世界の体系化の運動において、最終的にはもっとも美しい構造を体現するようになる。これがパースのいうアガペーに導かれた宇宙の進化の、物質の側から見られた進行の論理である。

それでは、ここでいわれるところの、宇宙の将来において望まれる精神のはたらきにも似た物質の美しい法則的性格の出現とは何だろうか。それはここでの文脈ではまったく触れられていない。とはいえ、われわれはいまや、これまでの長い議論から抽出するようなかたちで、少なくとも一定のアイデアを瞥見するということはできるであろう。

精神がその自己否定によって生み出す不完全性の世界とは、いわゆる機械論的法則性という意味での規則に従った世界である。それは規則的という点では秩序をもつが、精神の秩序に対立するという意味では、不完全で、あえていえば悪の世界ともいうべきものである。それは自由の否定としての規則性だけを体現し、真の連続性を覆い隠した世界である。これにたいして、将来において望まれる物質の姿は、自然がその内面にもっている「質」の本性をも明らかにしたような世界、いわば物理的特性と同時に、質と同じような種類の連続性や自発性、偶然性をもかね備えた、表と裏とをもつ二重の存在としての自然の世界である。それは精神から出発しつつ精神へと帰還しうるような特性を、それ自身の本性とするような自然であり、いいかえればあたかもメビウスの環のように、表裏を往来する本性をもって、新たな規則性を体現するような自然のことである。

アガペーとは、まさしくこのメビウスの環の進行の論理にほかならない。宇宙の進行とは自己否定を通じた自己還帰としてのアガペーであり、メビウスの環であるが、その環が作り出す物質的自然もまた、それ自体のうちに、機械論的・原子論的側面と流動的・自発的・偶然的側面の両面を往復するような性質をもったものとして、高次の規則性に従う存在者である本性を露にする。そして、物質がこのような高次の規則性のもとで現れるとき、まさしく世界は最終的に合理的で対称的なものとなる。先に連続主義を考察したところで、われわれはパースの自然観が現代の量子論的物質像と重なる面をもつことを見たが、彼自身の抱いた物質像は、二重的特徴を円環的に往復する、高次の規則的存在者である。巨大なるメビウスの環、永劫に脈打つウロボロスの環、それがアガペーとしての宇宙の真の姿なのであり、その宇宙が自分自身の鏡像を自然というかたちで作り出すのである——。

ヘンリー・ジェイムズ(父)はカントに対抗して、スウェーデンボルグ思想を喧伝するために、あえて『実体と影』というカント的な表題を掲げ、そこに「創造の物理学」という奇妙な副題を付した。これにたいしてパースがアガペー主義の標榜のもとに行ったことは、同じく「創造の物理学」を隠されたテーマとして追究しながら、ジェイムズ父のようにカント批判に終始するのではなくて、未来の物質像を思い描き、新しい自然像構築への第一歩を記してみることであった、ともいえるであろう。

第四章　誕生の時

——宇宙創成の謎——

〈自然〉はひとつの神殿、その生命（いのち）ある柱は、
時おり、曖昧な言葉を洩らす。
その中を歩む人間は、象徴の森を過（よぎ）り、
森は、親しい眼差しで人間を見まもる。
夜のように、光のように広々とした、
深く、また、暗黒な、ひとつの統一の中で、
遠くから混り合う長い木霊（こだま）さながら、
もろもろの香り、色、音はたがいに応（こた）え合う。

ある香りは、子供の肌のようにさわやかで、
オーボエのようにやさしく、牧場のように緑、

――またある香りは、腐敗して、豊かにも誇らかに、
無限な物とおなじひろがりをもって、
龍涎(りゅうぜん)、麝香(じゃこう)、安息香、薫香のように、
精神ともろもろの感覚との熱狂を歌う。(1)

これはシャルル・ボードレールの『悪の華』(初版一八五五年)の冒頭近くに収録されている「照応(コレスポンダンス)」と題されたソネットである。照応とはスウェーデンボルグ思想のキー・コンセプトであり、フランス文学史の標準的な説明では、ボードレールはこの思想をバルザックからの強い影響のもとで移入したのだといわれている(バルザックのスウェーデンボルグ主義は『ルイ・ランベール』や『セラフィータ』などの作品に顕著である)。

スウェーデンボルグ思想では、世界のあらゆるレベルに照応の跡を見いだすのだが、すでに見たようにその典型は、神の世界形成の過程と人間の贖罪の過程との照応であり、さらにはその人間精神の性質と物質のあり方との照応であった。これにたいして、ボードレールの右の詩は、「もろもろの香り、色、音はたがいに応え合う」といって、主としてさまざまな異種の感覚同士の間で生じる共感覚現象に注目している。しかし同時に、「またある香りは、腐敗して、豊かにも誇らかに、無限な物とおなじひろがりをもって、龍涎、麝香、安息香、薫香のように、精神ともろもろの感覚との熱狂を歌う」といって、とくに特別な香りのもつ「精神ともろもろの感覚との熱狂(les transports de l'esprit et des sens)」へのはたらきかけに注意が払われている(精神と感覚との「熱狂」とはすなわち、それらの「移転」「交流」であり、感覚界と知性界の攪乱、現実世界と可能世界との交換や入れ替わりを意味しているのであろう)。しかも、その香りは「無限な物とおなじひろがりをもって」おり、世界の基底を担う性質をもつというのである。

独特の豊かな嗅覚の感覚が、ありふれた現実の澱みきった退屈な世界とは別の世界への扉を指し示すというこの発想には、本書のはじめのほうで見たエマソンの詩「スフィンクス」(『詩集』一八四六年)を思い出させる面がある。

ほら、朦朧としたスフィンクスよ
汝の五官を覚ますのだ！
汝の目はますます光を失いつつある
スフィンクスにヘンルーダやムルラノキやヒメウイキョウ
の薬草を嗅がせよう！――
そのどんよりとした目を開くために――

ボードレールは「龍涎、麝香、安息香、薫香」といい、エマソンは「ヘンルーダやムルラノキやヒメウイキョウの薬草」というが、いずれの詩人も異国の強烈な香木や香草のむせ返るような香りが、超現実的でハイパーリアルな世界への扉を開く覚醒の手段であるといっている(ヘンルーダは柑橘類の香木で、主として南ヨーロッパに見られるという。ムルラノキは橄欖系の香木でアフリカやアラビアの産、ヒメウイキョウはセリ科の香草でペルシアの原産である)。異世界との交流と結びつけられた嗅覚というこのテーマが、一九世紀の半ばにヨーロッパとアメリカでほぼ同時期に共通に論じられたという事実は、単に偶然に生じた出来事であったのか。それともそれは、もっと深い根をもつものであったのだろうか。それはもしかすると、視覚的な根拠によって確実とされる現実世界への懐疑が、ユークリッド的な空間の幾何学の唯一性、確実性への疑問視という形而上学的な問題意識と結びつくこととも共鳴するような、この時代に特有の精神の産物であったのではあるまいか——。

この疑問は、これらの詩人のスウェーデンボルグ主義の理解や、エドガー・アラン・ポーの思想を介した相互の影響関係、あるいはエマソンからボードレールへの直接の影響ということもからめて、なお検討の余地がある。しかし、われわれが解明しようとしているパースの宇宙論においては、明らかにこの視覚世界から嗅覚世界への向き直りが、現実世界の形式の非唯一性を認識させる扉を開くという明確な意識が存在した。

すなわち彼の哲学には、われわれは視覚的な世界への囚われをいったん緩めることによって、ユークリッド幾何学以外の世界を経験することができると同時に、無限に連続する質の世界である第一性の世界、偶然性の世界、潜在性の宇宙をかいま見ることができるという考えがあった。パースの理論では、エキゾチックな香りが伝える嗅覚の世界や不思議な体感が伝える触覚の世界は、メビウスの環やクラインの壺に代表されるトポロジカルな空間を体験させることによって、実際に異次元の世界への通路をもたらす力をもつのである。

たとえば次の例は、人が光のない洞窟のなかで、自由に空中を遊泳しながら、さまざまな匂いと触覚とを頼りに空間の位置を確かめる経験を続けるうちに、空間の「特異面」を通り抜けて異種的な空間との行き来を行い、やがて内と外とがその特異面でつながっている「クラインの壺」の構造の空間に生きるという、新しい経験のありかたを習得する過程を記述した、『連続性の哲学』のなかのユニークなパッセージである。

われわれが知っている空間とは異なった、限界のない三次元空間について説明してみようと思う。まず、どこにも出口のない、四方をすべて壁で塞がれた洞窟を想像してみてもらいたい。この主題に無関係な光学上の問題を無視するために、洞窟は漆黒の闇に包まれているとする。さらに、人がこの洞窟のなかで重力を離れて、空中を遊泳できるものとする。この人は洞窟のなかの様子に完全に精通していて、全体の温度はかなり低いが、場所によっては暖かい場所もあり、それがどこかを知っているとする。さらに、洞窟内部の個々の場所はそれぞれ固有の匂いをもっていて、それぞれの場所が匂いによって同定できるものとしよう。これらの匂いは全体として似たような匂いで、例えば、オレンジ、レモン、ライム、ベルガモット、橙など、柑橘系の香りだとする。そしてさらに、人はこの空中を遊泳しながら二つの大きな風船に触れることができ、風船は洞窟の壁から離れているばかりでなく、互いからも離れているが、それぞれ同じ場所に留まっているものとしてみよう。人はこの風船のそれぞれ別々の触覚を覚えていて、その正確な場所も良く知っているとしてみよう。このような想定をしたうえで、もうひとつ、この人が以前にこの洞窟とそっくりな空間のなかで生活していたことがあるが、ただその洞窟の方は、全体の温度が暖かく、温度の分布もまったく違っていて、そこで見知っている匂いは、コーヒー、シナモン、樟脳、楠など、現在の洞窟の匂いと全然違う匂いをもっていたとしよう。また、洞窟の壁も二つの風船も、その触覚が先の洞窟と非常に異なったものだったとしてみよう。

このように人が二つの異なった洞窟について、自分の家のなかのように精通していると想定したうえで、ここで、この人が、これらの洞窟を互いに入れ替える作業が進行していることを知ったとしてみよう。さらに、現在そのなかを泳いでいる冷たい洞窟の風船のひとつに変化がおきて、その外皮が一枚の薄い透過膜になってしまい、その膜は触ることもできるが、そこを通り抜けることもできるようになったことを知らされるとしよう。この人は冷たい洞窟の中を泳いで、その風船に触って確かめてみようとするであろう。そうすると、たしかに風船は通り抜けることができる。ただ、通り抜けるときに、体に今まで感じたことのないような奇妙なひねりの感じがして、手の触覚からして、自分が通っているのがかつて経験した暖かい洞窟のなかの風船のように思われる。実際に洞窟の暖かさも感じられるし、匂いも、壁の感触も暖かい洞窟のものである。この人は風船を通り抜けて何度も往ったり来たりしているうちに、通り抜けのできる場所は風船の膜全体であることが分かってくる。そのうちに、同じ洞窟のもうひとつの風船も同様の状態にあることを伝えられ、こちらの方も何度も確かめてみる。最後に、洞窟の入り口の壁が取り除かれたと聞かされる。そこで前に入り口があったところへ泳いでいくと、風船の場合と同じ奇妙な体のひねりの感じがして、そこからもうひとつの洞窟に通り抜けられることが分かる。さらに、天井も床も、皆同じ状態であることが確かめられる。壁はもはや存在していない。空間には境界がまったく無くなっていたのである。(2)

ここでいわれる二つの洞窟の同定において基準となる、「オレンジ、レモン、ライム、ベルガモット、橙など、柑橘系の香り」や「コーヒー、シナモン、樟脳、楠などの匂い」は、いずれも特異な香りや匂いの世界であり、いいかえれば種々の「質」の世界であり、すなわち第一性、偶然性、自発性の世界である。われわれは前章で、この質の世界こそもっとも原初的な連続性の世界であり、さらにはもっとも豊饒な可能性の伏蔵する世界であるとされていることを見た。われわれの視覚が識別する色彩の世界は、さまざまな色合いが連続的なシステムをなしているとはいえ、それぞれの色は言語的に精確に区別され、確定した性質を備えている、非連続的な質の連鎖の世界である。それは真の連続性の世界から抽出され、われわれの生物的な進化の必要や生活の便宜のなかで固定された、区別された質の世界である。これにたいして、嗅覚の世界を満たす香りの質の世界は、たとえその代表を「コーヒーやシナモン」のように特定できるとしても、その残りのほとんど大部分は言語的にその同一性を特定できないような、色彩よりもずっと精妙で曖昧な質からなる連続性の世界であり、いわば生物進化に取り残されたような原始的な質の世界である。そして、まさしくこの原始性のゆえに、香りの連続性は真の質の連続性のもつ豊饒さを保っているのである。

しかしながら、この豊饒な質の世界はまた同時に、ここで示されているように、さまざまに「可能な」空間形式のメルクマールを提供する世界でもある。この仮想的に作られた漆黒の闇に包まれた洞窟のような世界のなかで、人はただ温度と匂いだけからなる質の分布に導かれて、空間の広がりというものを体験している。それは視覚を奪われることによって、いわば体全体が眼となり、周囲の質的世界と距離をもたずに、一体となって体全体から質を現出させている運動である。そして、その広がりのなかを泳いでいるとき、時として感じさせられる体全体のひねりの感覚から、その人は広がりのもつ特異面の存在や、空間全体のトポロジカルな特性を把握する。このとき人は、視覚によって否応もなく引き受けてしまう通常のユークリッド空間の広がりを離れて、触覚、嗅覚、そして体感によって伝えられるような、トポロジカルな角度から捉えられた空間経験を実感する。それは非ユークリッド空間の可能性を感覚的に把握する、という可能性の扉を開く体験の仮想である。つまり、われわれが生きているこの現実の世界がユークリッド空間構造をもつか否かは、たとえば宇宙の大規模構造の観察などによって経験的に検証されるべき問題であるとしても、ユークリッド空間を含む種々な複数の空間形式のあり方そのものは、以上のような質の世界にたいする思考実験を通じて、仮想的にであれ、生なかたちで経験することができる、とされているのである。

この非ユークリッド空間の経験の可能性は、「空間」と対比的な「時間」の問題としても論じうるはずである。この現実の空間形式とは独立の世界が経験しうるとすれば、同様にしてこの現実の時間形式とは独立の形式も、われわれの質の経験という次元においてその概略が与えられなければならない。つまり、われわれの「この宇宙」の空間や時間が成立する「以前」の世界が、われわれ自身に経験可能なものとして、少なくとも仮想的には思考できることにならなければならない。

この宇宙の時間が成立する以前の世界の想定——それはいうまでもなく、裏返していえば、この世界の「誕生」の論理への洞察である。「龍涎、麝香、安息香、薫香」「ヘンルーダやムルラノキやヒメウイキョウの薬草」「オレンジ、レモン、ライム、ベルガモット、橙など、柑橘系の香り」「コーヒー、シナモン、樟脳、楠などの匂い」――互いに連続しあった嗅覚的性質の集合が作り出す世界は、それぞれがまた異なった空間や時間からなる、多元的な世界の各断片でもあるのであり、それはまさしく、「ちょうど廃墟のそこかしこに遺された円柱が、かつてはそこにいにしえの広場があって、バシリカ聖堂や寺院が壮麗な全体をなしていたことを証言しているのと同じ」なのである。もろもろの異郷の香りは空間体験の可能性を大幅に拡張するばかりではなく、現実を超え出た時間の断片をたどっていく道標にもなりうるかもしれないのである。(3)

それでは、この連続性の作り出す世界の母胎のなかから、いかにして個々の時間が生まれ、「個々の宇宙」が生まれることになるのか。いかにして、さまざまな宇宙が誕生するのか。そして、われわれはその宇宙と時間の誕生という事態に、空間における特異面の体験とは異なったかたちであれ、何らかの実感をともなって触れることができるのかどうか。

本章では、これからこの宇宙と時間の誕生というテーマについて考察するが、われわれはこのテーマについてはすでに、前章においてほんの少しだけ考察している。それは「謎への推量」の最終部からの引用であったが、そこでパースは原初のカオスに閃光が生まれ、その光の連鎖が一つの太い流れとなったときに、われわれの現実の時間が生成するというモデルを示していた。前章ではこのテキストを、パースの宇宙進化の論理の出発点を一定程度見定めておくために引用した。それは、われわれが生きているこの現実の宇宙の発展の論理、「われわれの側にある事物の状態」の論理を解明するために、その前段階となる宇宙の始まりについても、なにほどかのイメージを思い描いておく必要があったからである。われわれはこの宇宙の始まりの議論を踏まえたうえで、宇宙の進化のゆくえを順番に追った後に、ここでその始まりへと再び戻ってきたことになる。

前章で見たように、この現実の宇宙の進化を説明するのは、「連続主義」と「アガペー主義」という二つのドクトリンであった。これにたいして、始まりの時点での宇宙の存在様態を特徴づけるのは、第一性、偶然性、自発性、潜在性、質、等々であり、存在一般をこれらによって性格づける思想は「偶然主義」と呼ばれていた。宇宙の始まりの一般的特徴は偶然主義によって説明される。それは、「無限にはるかな太初の時点には、混沌とした非人格的な感情があり、そこでは連絡もなければ規則性もなかったがゆえに、現実存在というものもなかったと考えられる。この感情は、純粋な気紛れのなかで戯れているうちに、一般化の傾向というものの胚種を宿し、それには成長する力がそなわっていた」という思想である。とはいえ、偶然やランダムな自発性の戯れによって支配された世界であるというだけでは、宇宙における時間や空間の生成は説明されない。純然たる偶然の支配する世界において、いかにして時間が生成するのか。

いうまでもなく、この問いこそが、「スフィンクスの謎」を解くというパースの宇宙論の核心部に位置する問いであり、その解答いかんに体系の成否のすべてがかかっているといってもよい難問である。彼自身はこの問いにたいして、十分に満足のいく答えではないにしても、少なくとも将来の解答の筋道を照らし出すだけの急所はつかみ取った、と考えた。しかし、その自己理解でさえ、パース自身の幻想ではなかったという保証はないともいえる。あるいは、たとえそれが幻想ではなかったとしても、われわれがその洞察に迫って、追いつくことができるかどうかは、けっして確かなことではないともいえよう。

いずれにしても、宇宙において時間はいかにして誕生したのかという問いがたしかに存在し、その問いが答えを要求している——パースはそう考えて、そのための解答を与えようとした。その彼の解答の内容を具体的に把握するために、ここで先に見たこのテキストをもう一度引用し、今度はその内実に踏み込んで理解することから始めて、宇宙の誕生のロジックというもっとも困難な問題について、思いきって考えていくことにしてみよう。

事物や実体のみならず、出来事もまた規則性によって作られる。時間の流れは、それ自身が規則性である。したがって、規則性のまったくない原初のカオスとは、単なる不確定性の状態であり、何も存在せず、何も生じていない世界である。時間が存在する以前の、発展のこの第一段階についてのわれわれの把握は、『創世記』第一章の記述と同じくらいぼんやりとした、修辞的なものとならざるをえないであろう。この不確定性の母胎から、第一の原理によって何かが生じたのだといわなければならない。われわれはこの原理を「閃光」と呼んでもよい。そして、習慣の原理によって、第二の閃光があったのだといえる。そこにはまだ時間が存在しなかったとしても、この第二の光はある意味では第一の光の後になる。というのも、それは第一のものの結果として生じたからである。そしてその後で、もっともっと互いに密接に結びついた後継者が生じ、習慣とそれを獲得する傾向とがますます自己強化していったのであろう。その結果として、もろもろの出来事は一つの連続的な流れのようなものに束ねられていったのである。……原初の閃光から帰結したこの連続性の擬似的な流れは、われわれの時間と比較したとき、次のような決定的な相違をもっている。すなわち、複数の異なった閃光からは異なった流れが始まっていて、それらの間には共時性とか先後の継起性とかの関係が成立していないかもしれないのである。したがって、一つの流れが二つの流れに分離したり、二つの流れが一つに融合するかもしれないのである。しかしながら、習慣のさらなる結果として、長期間分離していたものは不可避的に完全に分離したものになり、しばしば共通点を示した流れはやがて完全な合一体へと融合するであろう。そして、完全に分離した世界同士は互いにまったく知ることのない数多くの異なった世界となり、最終的にわれわれの目の前には、現実に知っているこの世界だけが現前しているのである。(4)

純然たる不確定性からなる原初のカオスから、閃光が生じる。そしてこの光の「後に」、第二の光が生じる。やがて、「その後で、もっともっと互いに密接に結びついた後継者が生じ、習慣とそれを獲得する傾向とがますます自己強化していった」のであろう。こうしてできた、いくつかの光の「擬似的な流れ」が、分離したり融合したりを繰り返したと考えることができる。しかし、これらの分岐や融合の過程の後に、「完全に分離した世界同士は互いにまったく知ることのない数多くの異なった世界となり、最終的にわれわれの目の前には、現実に知っているこの世界だけが現前しているのである」──。このように、時間は閃光が流れへと変わり、流れが途切れることなく続くことによって生じるとされる。そして、この流れには分離や合流の性質がある以上、複数の時間が生まれてきたと想定することができる。

ここでの議論では、このように、時間の誕生とともに複数の世界がほとんどオートマティックに生成してくると理解されているように見えるが、厳密にいうと、パースの複数世界の成立の議論はもう少し複雑である。実際の「謎への推量」のテキストでは、この引用箇所の後にさらに空間の生成や、物理的実体の生成が説明されており、世界の生成は単に時間の構成だけで終わるのではなく、それをもとにして空間や物理的対象が生まれることでようやく完成するとされている。時間から空間へ、そして空間から実体へ、というこの生成の記述についても簡単に引用しておくと、概略はだいたい次のようである(原文では一続きであるが、生成の輪郭がわかりやすいように、段落に分けて引用する)。

閃光には他の閃光にたいして純粋に第二の関係に立ち、それによって前の閃光の後という関係に立つもののほかに、対になって現れる閃光もあるであろう。あるいは、すでに時間が進展していると考えられているのであるから、閃光のペアというよりも状態のペアがあるというべきであり、それぞれの状態のペアにおいて一方と他方とが互いに第一と第二の関係になっている、ということがあるであろう。これが空間的延長の最初の種子である。

これらの状態は変化をこうむることになり、そこにそれぞれがある状態から別の状態へとは進むが他の状態には進まない、というタイプの習慣が生まれることであろう。……こうしてある種の空間的連続性を生み出すような習慣が作られるが、この連続性はたとえばその連結のあり方が非常に不規則であったり、場所によって次元を異にしたり、運動状態によって異なった性質を示したりという具合に、われわれの空間とは異なっている可能性がある。
状態のペアの複数の組もまた習慣を作り始め、……それが習慣の束を生じさせる。この束が実体を作り出すのである。これらの諸状態のいくつかは、偶然にも永続性という習慣をもつようになり、その結果として時とともに消え去ってゆく傾向をどんどんと失ってゆく。逆にそうした習慣をもたなかったものは、現実存在から脱落してゆく。かくして、実体は永続的なものになってゆくのである。

習慣とはその形成の様相からして、何らかの関係の永続性にほかならないものであるが、この理論によれば、個々の自然法則はいずれも何らかの永続性からできているということになるはずである。たとえば、質料、モーメント、エネルギーの永続性がそれである。この点で、この理論は諸事実と驚くほど合致している。

諸実体はその空間的運動においてこうした習慣をひきずっており、諸実体の運動はそのために空間の別々の場所を徐々に等しいものにしてゆく傾向をもつ。その結果として、空間の次元性は徐々に斉一的になる傾向をもつであろう。そして、実体がけっして行き着くことのない無限点を別にすれば、先の空間的延長に見られた複数の不規則な連結は次第に消え去ってゆくのである。(5)

この議論はそれほど複雑なものではないが、このコンパクトな説明のなかには、物質の運動と空間の相互形成という非常に新しいアイデアが示されている。右の議論に沿って要約すると、パースの宇宙論においては、宇宙の大規模な進化に先立つ最初の局面において、およそ次のような原初的宇宙生成のドラマが繰り広げられたということになる。原初の混沌から生じる時間の流れは複数ありうるが、それぞれの流れにはそれに固有の空間と事物の運動とが結びつくことになる。ある時間の流れのなかで、複数の状態が並行したかたちで変化しつづけていくと、その複数の状態を素材として空間的延長が形成されると同時に、変化の習慣がその状態を構成する実体を成立させる。そして実体の運動がその一様性によって空間的延長を一様なものにすると同時に、空間はそのなかで運動する実体の性質、つまり変化の習慣の束に応じて、ある特定の幾何学的構造をもった一様な延長体となる。空間の性質と事物の法則的本性とはこのようにまったく相補的な仕方で決定される。いいかえると、物理的対象のもつ性質の法則的あり方とそれが生じる場としての空間の特徴は、相互に規定しあっているのである。

空間はこのように物質と並行的に構成されるゆえに、たとえばそれがユークリッド空間となるかどうかということは、アプリオリな理由からは決定できない。先に「オレンジ、レモン、ライム」や「コーヒー、シナモン、樟脳」などの香りをたよりにして、空間のトポロジカルな可能性にもとづく複数性を経験的に体験してみるという着想が出されるのを見たが、その発想が生きるのは、こうした空間のアポステリオリな構成という考えが背景にあってのことである。とはいえ、このような複数の空間構造のアイデアが現実味をもつためにも、複数の世界の並行的存在の可能性がまず確保される必要がある。そして、世界の存在上の複数性の可能性を提供するのは、原初の根本的混沌から最初に流れ出てくる時間の複数性にほかならない。パースの宇宙論が多宇宙論的モデルとなるのは、やはりあくまでも、宇宙と時間の誕生というこの局面においてである。宇宙はその根本的始まりの次元において、複数の流れとして存在し始めたのかもしれない。そして、そのそれぞれの宇宙の発出が、それぞれに固有な空間と物理法則をもつことになったのかもしれないのである。

さて、パースの宇宙論はその原初の時間系列の複数性を主張する点で、明らかに多世界宇宙論という性格をもっている。そして、この一九世紀末に生まれた世界生成のモデルが多宇宙(Multiverse)という考えを包含する理論である点は、いろいろな角度から見て興味ぶかく、この理論のもつ注目すべき重要な特徴であると考えられる。(6)

まず、哲学史的な文脈から見ると、宇宙の始源にかんするこの多世界宇宙論的視点は、次のような点で注目に値する。パースの時代の哲学的宇宙論の重大な問題意識は、何よりもカントの提出した、人間理性の形而上学的思考におけるアンチノミーにたいする態度決定をどうするのか、という問題としてあった。このことについてはすでに第二章の冒頭でごく簡単に触れたが、哲学における宇宙論のきわめて長い伝統は、一八世紀末のアンチノミーの議論によって決定的な打撃を受け、ほとんど死刑宣告を受けたに等しい状態にあった。そのカントの挙げた純粋理性のアンチノミー、あるいは二律背反の第一のテーマが、宇宙の寿命の有限、無限の問題であった。宇宙は時間的に始まりをもたない、はてしなく永遠につづいてきたものなのか、それとも過去のどこかの時点で誕生した、有限の長さの歴史をもつものなのか。この人類最古の謎ともいうべき問題について、カントは一刀両断で、いずれの答えも退け、宇宙論の不可能性を宣言していた。このことを考えると、パースの時間の誕生にかんする多世界モデルは、この問題意識にたいする一つの解答であるとも考えることができるのである。

よく知られているように、カントは『純粋理性批判』において、宇宙全体の時間的・空間的スケールについては、それを無限と考えても有限と考えても矛盾に陥るために、「宇宙全体」という理念についての知的判断はありえないという結論を導いた。カントはこの結論を導くためにかなり入念な議論を提出しているが、話を宇宙の時間にかぎり、しかも彼の複雑な議論のスタイルを思いきって簡略化していうと、彼は次のような議論によって、宇宙の時間的無限説と有限説をともに否定するほかはないと主張した。すなわち、

宇宙の時間が無限に続く連鎖であったとすると、その無限の連鎖が現在という時点において完結するという考えは不条理である(無限説の否定)。

反対に、

無限に続く空虚な時間のなかのどこかの時点で宇宙が突然に誕生したとすると、空虚な時間のなかにそのような特異的な時点が存在するという考えは不条理である(有限説の否定)。

このような議論にもとづくカントの宇宙論批判は、基本的に説得力のある議論であるとして、哲学の世界で広く一般に認められる一方で、右のような議論の厳密な意味での妥当性については、さまざまな個性的な哲学者によって鋭い批判や反論が出されていた。そして、こうしたカントにたいする不満が徐々に強くなり、宇宙の寿命のみにかんしても、カントのような「解決不可能というかたちでの解決」を認めないという立場がいろいろな姿で現れてきたのが、一九世紀の特に後半の哲学の状況であった。有名なニーチェの「永劫回帰」の理論も、このようなカントのアンチノミーにたいする批判的議論の副産物として生まれたという側面があったといわれている。(7)

パースの多世界宇宙論は、このアンチノミーにたいする返答という観点から見ると、次のようなユニークな解決ということになる。すなわち、彼は空虚な世界のなかで突発的な実質的世界の誕生が生じることは何ら不条理ではないとする点で、有限説を擁護しており、他方では、こうした有限な宇宙時間を包み込む潜在性の原宇宙を認める点で、無限説をも認めている。いいかえればカントが有限説・無限説のいずれの立場をも否定したのにたいして、両方の立場を認めるという仕方で、カントの説を裏返したかたちになっている。カントは有限説と無限説がともに成り立たないところから、経験的現象世界の観念性の議論へと進んだ(宇宙全体は有限や無限という量的規定を受けないために、経験の対象ではない)。これにたいしてパースでは、逆に宇宙の有限と無限の双方の視点を認めて、それを現実性と潜在性との二元的視点に結びつけるのである(この二元的視点そのものは、いうまでもなく現象と物自体を論じるカントに通じる視点である)。カントはとくに無限時間の現在における完結ということに矛盾を見いだしたが、パースは現在という時点が無限連鎖の完結であるということを認めないだけではなく、無限の連鎖ということそのものについて、カントの素朴な無限観を批判するだけの論理的根拠をもっていた。彼はそのためにアンチノミーの説を容易に転換することができたのだと考えられる。

他方、こうした思想史的観点を離れて、この議論と現代のわれわれの宇宙論との比較という逆の方向から見ると、この理論のもつ驚くべき先駆性はさらに明確になり、われわれはその現代性に強い感銘を受けずにはいられない。

現代科学の探究する宇宙論はいまだに百花繚乱の状態にあり、しっかりとした定説に落ち着くというにはほど遠い状態にあるが、その多様な理論の併存においても著しい共通点として目立っているのが、現代宇宙論における「無からの創造」という発想の容認という事実である。パースの思想は科学的観点にもとづくこの発想の復活の、恐らくは最初の試みとして、歴史的な意味をもっているのである。[8]（アンチノミーの議論にたいする一九世紀後半の哲学的批判の多くは、無からの創造を認める有限説に立つものであったが、その根拠はほとんどアプリオリ、ないし宗教的なもので、数学的・物理的な議論にもとづくものではなかった）。

一般にビッグバン宇宙論と称される現代の宇宙論においても、宇宙の誕生の時点でのその創成をめぐる理論的モデルにかんしては、実にさまざまな議論が乱立しており、いまだ決定的な理論的合意にいたっているとはいいがたい。現代宇宙論の歩みをきわめて大雑把に要約すれば、一九五〇年前後のガモフのビッグバン宇宙論を境にして、その前後に分けて考えられるであろう。まず二〇世紀前半に、アインシュタインの相対性理論による宇宙の時空構造論の応用として、フリードマンやルメートルらの形式的宇宙論があり、次いでガモフのビッグバン説の提唱とペンジアス、ウィルソンの宇宙背景輻射の発見がなされた。そしてその後には今日にいたるまで、おびただしい数のビッグバン型の理論が考案されてきた（たとえば、一九七九年、チャドスらのカルツァークライン理論、八〇年、佐藤とグースのインフレーション宇宙、八三年、赤間とルバコフらの膜宇宙モデル、九三年、ガスペーリらのプレ・ビッグバン説、九九年、ランダールとサンドラムのブレーン理論、二〇〇一年、エキプロティック宇宙モデル、等々）。

こうした宇宙論の進歩洗練の流れのなかで、おそらくもっとも人口に膾炙し、結果としてビッグバン的な宇宙像の普及に最大の功績があったのは、スティーブン・ホーキングの啓蒙活動であろう。しかし、より理論的レベルでいえば、相対性理論から出発したホーキングらによる宇宙波動関数の解と、ロシア出身のアレキサンダー・ビレンキンらが提唱する「量子論的宇宙論」モデルが、一九八〇年前半に一致を見たことが、この宇宙像に決定的な説得力を与えたといってよい。そして、とくにこの後者の量子論的宇宙論が、パースの議論とそっくりの宇宙創成理論を提出していることは、やはり注目に値する。

ビレンキンらの理論によれば、宇宙の始源においては、時間も空間も何もない世界から、超ミクロの世界が生まれてはすぐに消滅するという過程が繰り返されている。そのなかでインフレーションによって急膨張をとげることができた宇宙だけが、時間や空間をもつ現実の宇宙となって進化する。この無の世界において超ミクロの宇宙が生まれては消えている過程こそが、無からの宇宙創成の現場であるが、それは量子論的「真空」における「場のゆらぎ」を通じて、粒子と反粒子のペアが生まれては消えるという過程として理解される。この超ミクロの世界がトンネル効果を利用して膨張しうる宇宙へと移行することのできる確率は、最初の超ミクロの宇宙の大きさが最小単位であったとしても、ゼロにはならない。したがって、無から無数の最小の宇宙が生まれ、そのなかのいくつかの宇宙が急膨張を遂げて、現にあるタイプの宇宙となる可能性が実際にあるということになるのである(ホーキングとビレンキンとの一致は、この確率の値にかんするものである)。

量子論的真空状態とは時間も空間も事物も存在しないという意味で、まったくの無である。しかし厳密には、それは物質的な密度がゼロという意味での無であり、エネルギー的に考えればもっとも高いエネルギーをもったものである。その真空状態から、粒子と反粒子とが「対生成」し、やがて消滅する。というよりも、粒子は反粒子に出会うことでエネルギーを放出し、消滅するという過程を繰り返す。無から何かが生まれ、それが消えるときに放出されるエネルギー。これがパース的にいえば閃光に該当するであろうし、その対生成する粒子すべてが完全に消滅することなく、トンネル効果を通じて膨張宇宙へと変じる過程こそ、閃光と閃光を結びつける一般化の力によって流れが生じる過程に相当するものといえよう。量子論的宇宙論においても、インフレーションを通じた現実宇宙の生成は、われわれのこの宇宙の生成だけに限られるものではない。トンネル効果を通じた膨張宇宙成立の可能性という大きな制約が永久にはたらきつづけるなかで、無数の現実宇宙のインフレーションが具体的に生じてゆく。これがわれわれの理解する標準的な多宇宙論である(9)——。

このように、パースの多世界宇宙論は、現代の理論と比較することで改めて非常に新鮮に見えてくるような、深い独創性と大きな魅力をもっている。彼は論理学者、数学者、形而上学者としての側面とは別に、実験的科学者としての顔をもっていたが、そちらの側面での彼の代表的著作が、ハーヴァード大学天文台と合衆国沿岸測量部において主任研究員として長年行った研究の成果である『光度測量研究』(一八七八年)である。これは恒星からの光のスペクトルの偏りを計測することによって、恒星の物質的組成について推量するという、当時としてはきわめて斬新な発想に導かれた研究であった(10)。恒星の発光が物質の燃焼にもとづく大規模な化学変化の過程であるという認識は、彼の時代にはけっして定説となった考えではなかった。彼はその発想を実験的に検証することを通じて理論として確立することを試みると同時に、カントやラプラスの星雲構成説のような大規模な宇宙形成のモデルについても、独自の理論を構想していた。それゆえ、革新的天文学者としてのパースの発想が、現代の宇宙天文学と接点をもつこと自体は驚くべきことではない。彼は現代の宇宙論の興隆に連なる一連の革新的研究者のなかの一人として、たしかな位置を要求する権利を実際にもっていたのである。

とはいえ、いうまでもなく、われわれがここで問題にしているパースの議論と現代の宇宙論との接点は、天体現象をめぐる実験的側面についてではなく、宇宙の起源という思弁的な推論をめぐってのものである。現代の宇宙論的推論と彼の宇宙起源論とには、不思議な符合が見いだされる。だがしかし、この議論に出てくる量子論的真空と、パースの無からの創造とは互いに似たものであったとしても、けっして同じ理論的前提に立つものではない。彼の宇宙論では、この真空に相当する「無」とは何を意味するのか。そしてその無からの時間の流れの派生とは何なのか。閃光と流れの複数性を説くこのモデルが内実を伴った理論となるには、当然のことながら、これらのメタファーの意味がさらに特定される必要があることは言をまたないであろう。

さて、宇宙の原初におけるまったくの無のなかに現れる「閃光」と「流れ」とは、これまでの説明のままでは、まさに『創世記』の冒頭と同じくらい曖昧で修辞的」である。この修辞的な発想がなんらかの意味で存在論的な内実を付与されないかぎり、この時間の誕生のドラマは神話そのものの語りにすぎないのであるから、われわれとしてはこれまでの議論のなかからこの問いに答える材料をどこからか探してくる必要がある。時間の誕生をめぐるこのメタファーを内実化するヒントが、彼の哲学の道具立てのなかにあるだろうか——。

このような問いを立てて、彼の理論をさらに肉づけして理解しようとする場合、まず最初に思いつくことは、原初の母胎となる潜在性の世界と時間の連続体との関係の問題は、本来、数学的な「連続性の理論」によって説明されるべき問題であるということである。というのも、時間とはわれわれの理解では実数によって表される連続体であり、さまざまな連続体の濃度の問題を扱うのはこの数学理論であったからである。

そこで、もう一度連続主義のところで登場したパースの特異な連続性の理解を思い出してみると、実数の連鎖として表される時間は、直線と点をめぐる議論と重なり合う面があることがわかる。彼の連続主義の観点では、一本の線が連続的であるというとき、それが連続的であるという性質は、実数に対応する点の連鎖からなるということから生じているのではなく、線を作っている各点そのものが、それぞれ無数個の点からなる潜在的な性質をもっていることから生じていた。そのために線は、「不確定だがあらゆる可能な状況に応じて確定可能になりうる点」からなるのである。この考えに従えば、無からの時間の創造とは、非可算無限を超える多数性をもった潜在性の連続体から、具体的な個別的要素の連続体としての「実数」の連鎖が誕生する、ということを意味することになる。実数によって表される時間の連鎖の誕生とは、線のなかから無数の点が飛び出して、実数的な濃度をもつ連鎖の流れを作り出すことである。点が飛び出してくる前の線は、点の存在という角度から見るかぎり、点の不在としての「無」である。それは潜在性の世界として明らかに存在しているが、そのどこにも確定したものがないという意味では、全体が潜在的存在であって、現実存在という確定したもの、個体的なものを何ももたない。それゆえ、純然たる不確定なものからできていて、その要素が互いに溶け合い、同一性のない世界である連続的線は、常識的に見るといかに奇妙に思われても、パースの理論では「無」でしかないのである。

時間という連続体の誕生は、根本的潜在性の母胎から無数の点が飛び出してきて実数列をなすことである。これがまず、数学的観点から見られた時間の誕生についての、一番簡便な青写真であることになる。とはいえ、これだけではまだ、宇宙の始まりに位置する時間の誕生の分析としてはあまりにも抽象的であり、まったく不十分である。というよりも、これだけでは問題の片方の面を明らかにしたにすぎない。なぜなら、これらの議論では、実数によって表される連続体一般の生成が語られただけであり、時間という固有の連続体の生成が説明されたわけではないからである。時間がほかならぬ時間としてもつ特性とは何か。それはいうまでもなく、時間が事物の変化を担う尺度であるということである。事物は時間のもとでその変化を体現し、われわれはその変化を時間に従って認識し記述する。しかしながら、すでに見たように、パースの理論では時間は空間と事物そのものに先行する。したがって、時間は事物そのものの変化の尺度ではなく、それ以前の存在の変化の基礎をなすものである。

単なる抽象的な線から点の連鎖が生まれるのではなく、潜在的な存在者である第一性のみの世界から、事物がぶつかり合い、変化し合い、やがて法則に従って作用し合うようになる世界の根本的な秩序が生まれること。これが十全な意味での時間が生まれるということである。しかしながら、空間や事物の誕生と区別されて時間の誕生にのみ当てはまるような、固有の問題は、いずれは空間的な量的規定と結びつきうる連続体が、さしあたってそれ自身としては量的ではないものの継起の秩序を担うようになるということである。いいかえれば、まったく無規定な世界から、延長を伴った量になる以前の「質」の継起的変化の秩序が生まれるということである。これは裏返せば、意識に現れる質の継起の秩序を問いうるような世界、質的要素の集合世界が誕生するということになる。それゆえ、質の世界の誕生が、いわば時間の誕生の帰結となるのである。

われわれは時間と宇宙の誕生によって、「ほとんど無に等しい混沌から、変化を担う具体的な個別的要素の連続的集合体としての、質の世界の現出すること」が結果する事情を、理解する必要がある。つまり、細かくいえば、「時間の誕生と質の出現との密接な結びつきのあり様」を問わねばならないのである。果たしてそれは、どのような結びつきとして考えられるであろうか。

さて、パースは『連続性の哲学』においては、先の「謎への推量」の箇所と同じように時間の誕生を描き出しながら、それを「質の世界の進化」の過程のなかの一コマとして理解しようという視点を打ち出している。つまり、宇宙の誕生をめぐる議論として、連続主義の議論の裏面にある、もう一方の側に相当する説明を行おうと試みているわけである。そこで、次のステップとして、今度はこちらのテキストを引用して、時間の誕生をめぐる謎という、それ自体が明かりの見えない闇中の途を、引き続きたどっていくことにしてみよう。

> 現実に存在する宇宙はそのすべての恣意的な第二性を含めて、もろもろのイデアからなる世界、ひとつのプラトン的な世界からの派生物であり、それが恣意的に確定的になった所産であると見られなければならない。そして、われわれの卓越した論理は形相の世界に到達することができるとしても、現実の実在宇宙はより劣った論理に従っているために、不完全なものに留まっている

のだと考えられてはならない。

また、われわれの進化の理解が正しいのであれば、宇宙の論理の派生の過程は、時間と論理以前にまで延びており、完全に非決定的な、無次元の潜在性からなる曖昧さにおいて始まったのだと想定する他はない。

したがって、進化の過程とは、たんにこの現実存在する宇宙の進化のことではなく、プラトン的な形相そのものがこれまで発展し、これからさらに発展していく過程であることになる。

もちろん、現実存在を進化の一段階であると見なすことは自然である。しかし、この現実存在は、おそらくひとつの特殊な現実存在に過ぎないのではないか。われわれはすべての形相がその進化の過程で、この世界に出現してくると考える必要はない。ただ、イデアは何らかの作用・反作用の舞台には登場する必要があること、そして、この現実世界はその舞台のひとつに過ぎないのだと考えるべきである。

諸形相の進化は、その出発点あるいは初期の段階において、ぼんやりとして曖昧な潜在性として始まる。その段階、あるいはその次の段階では、それらは個々別々に特定するには大き過ぎる次元をもった、形相の連続体として存在している。そのような一切が普遍であり何も個物でないような存在の、潜在性の曖昧さが縮減するにつれて、諸形相の世界が出現するのである。

われわれが現在経験する色、匂い、音、あるいはさまざまに記述される感情、愛、悲しみ、驚きは、すべて太古の昔に滅びたもろもろの質の連続体から遺された残骸である……わたしはあなた方に、存在の初期の段階には、現在のこの瞬間における現実の生と同じくらい実在的なものとして、感覚質の宇宙が存在したのだと考えてもらいたいと思う。この感覚質の宇宙は、それぞれの次元間の関係が明瞭になり、縮減したものになる以前の、もっとも初期の発展段階において、さらに曖昧な存在形態をもって実在していたのである。[11]

『連続性の哲学』で展開されたこの理論では、無としてのカオスから数多くの宇宙が生成することは、無の世界での閃光の発出とその連続化の物語としてではなく、母胎となるプラトン的な原イデアの世界から、確定的な質としての「形相」の連続体が誕生してくることとして捉えられており、それが「宇宙の論理の派生の過程」といいかえられている。この宇宙の論理の派生の過程は、「時間と論理以前にまで延びており、完全に非決定的な、無次元の潜在性からなる曖昧さにおいて始まった」。

宇宙開闢のもっとも原初にあるこの曖昧さは、まったくぼんやりとした、「無次元の潜在性」である。ところが、あらゆるプラトン的形相の母胎であるこの無次元の潜在性の世界から、「個々別々に特定するには大き過ぎる次元をもった、形相の連続体」が生じてくる。それはいわば無次元のイデアの世界である「時間と論理以前」にあった「宇宙の論理の派生の過程」が、まさに超無限次元の連続体となることにおいて、「時間と論理」からなる世界を生み出す局面と考えてもよいのであろう(この場合、次元というのは連続体のもつ「濃度」と同じ意味で、その連続体を構成する要素の密度と考えることができる。この転換は先に見た量子論的宇宙論における「真空」が、密度がゼロでありながらもっとも高いエネルギーをもつという両面的なものであったところから、もっとも高密度で高エネルギーの世界に転移する局面と理解してもよい)。

この超無限次元からなるイデアの世界から、現実世界を作っている無数の性質、現実的な性質が現れる。それがイデアや形相の具体化した姿としての性質の誕生であるが、その現れのプロセス全体は、「諸形相の進化」と呼ばれているように、何段階かを経るものとされている。つまり、もっとも純粋に曖昧な原イデアの世界が、段階を追ってより確定したイデア、明確な形相の世界へと順番に進化していく。その結果として、「感覚質の宇宙は、それぞれの次元間の関係が明瞭になり、縮減したものになる」。それゆえ、確定した感覚質からなる世界は、不定形なイデア、非自己同一的な形相の潜在性が、「曖昧さにかんする縮減(contraction)」を起こすことで生じる。あるいは、もう少し正確にいうと、感覚可能な質へと進化するべき混沌とした原初的潜在性が、無数の閃光の溢れかえる世界、すなわち超無限次元の連続体の世界への全面的転移という中間的な段階を経て、最終的な個々の確定した性質の世界になる、というのが感覚質の進化であろう。

混沌とした原初的な潜在性＝無

←

超無限次元の連続体からなる世界

←

確定的な質の連続体からなる世界

いずれにしても、曖昧な潜在性の縮減を通じた現実化の過程によって、確定的な質の連続体が誕生する。いいかえれば、いっさいの可能性からなる曖昧性の海から生まれる現実の時間と質の構成とは、連続体のもつ曖昧さの「縮減」というパースペクティヴと結びつけられて考えられている。したがって、量子論における真空からの対生成やトンネル効果などの日常的な直観に反する考えにも相当するような、パースに固有の時間の誕生のロジックを解く一つの鍵は、この「縮減による次元の確定」というアイデアにあることになる。

そこで、このアイデアをさらに詳しく考えてみる必要があるということになるが、この縮減、あるいは縮約という概念は、哲学史ではだいたい二つの文脈において登場する概念である。すなわち、縮減、縮約は、一方では主として神秘主義的傾向をもった自然哲学において、神による世界の創造の文脈で語られ、他方ではいわゆる中世の普遍論争の系譜のなかで、「一般者」ないし「普遍」と「個物」の関係の文脈で語られる。この二つの文脈は、互いにまったく無関係な問題意識というわけではないが、少なくとも暫定的には分けて考えなければならない。

話がたびたび回り道になるが、ここで再び哲学史的な観点からこの概念の意味をざっと確認しておくと、前者の場合の縮減は、「非物質的な神によって物質的・質料的な世界が創造され、悪や罪が生じる余地が生まれるのは、神が自己自身へと引きこもる縮約という作用による」という世界創造論として現れる。このような「神の縮約」を主張した思想家には、ニコラウス・クザーヌス、ブルーノ、ベーメ、シェリングなどがいる。たとえば、シェリングは後期の主著と目されながら未完に終わった『世界世代』のなかの随所で、「始源は引きつけることのうちにある。すべての存在は縮約である」というテーゼを語っている。これは、いっさいの事物の創造に先立って、まず神が自己を縮約する過程があったということである。神が自己を縮約するとは、「愛としての自己」を「自然としての自己」のうちに閉じ込めることであり、この第一の創造の結果として、第二の本来の創造が生じる。それが生じるのは、神の縮約によって始まった愛と自然の二原理の争いに決着をつける必要があるからであり、そのために第二の創造によって生まれたすべてのものも、縮約し、自己のうちに閉じこもり、罪を犯す性格をもつことになるのである。(12)

他方、一般者と個物との関係を「縮減」という概念で分析するのはスコラ哲学の実在論争においてであり、とくにこの用語によって「共通本性」の個物への具現化を説明した一三世紀後半のスコトゥスの哲学が有名である。中世の普遍論争において一般者や普遍が何を意味するかは微妙な問題であったが、スコトゥスやオッカムが問題にしたのは、たとえばソクラテスやプラトンという個々の人間とは存在の性格を異にする、「人間」という概念のステイタスである。唯名論の立場をとるオッカムにとっては、この概念は精神の外にある「もの」ではなく、存在するものとしては個体しかない。これにたいして実在論に立つスコトゥスにとっては、普遍は個体において存在しているが、個体から「形相的に」区別された存在を有している。ソクラテスとプラトンは、それぞれの個体性を確保する「これ性(haecceitas)」と「人間」という共通本性との形而上学的合成体である。「これ性」は個体化の原理であり、さまざまな共通本性やそのほかの普遍を個体へと「縮減する」作用をもつ。これはいいかえれば、「人間」という概念、性質がソクラテスやプラトンへと縮減されるということである。

一般者や普遍の存在性格をめぐるこのような普遍論争の問題は、一九世紀にはまったく顧みられることがなく、ほとんど前代の遺物として打ち捨てられていた。しかし、パースは例外的にこの問題の重要性を強調した(このことが再び哲学の中心問題の一つとなるのは、二〇世紀も半ばを過ぎてからである)。そして彼は生涯を通じて実在論の側に立ち、とくに後半生になればなるほどその色彩を強め、自分の立場を「スコラ的実在論」と呼び、場合によっては「その極端な立場、スコトゥス主義」と称している。したがって、彼が「縮減」の用語を用いるときに、このスコラの実在論争におけるスコトゥスの思想を念頭におき、それを下敷きにしてイデアの世界からの現実世界の誕生を考えていることは疑いがない。不確定な質のみからなる曖昧な世界が具体的宇宙となって現れるというパースの論理に使われているのは、まさにスコトゥスのこの縮減概念である。[13]

それゆえ、徹底的な曖昧性、つまりは不確定で非自己同一的な潜在性のみからなる無の世界から、感覚される確定的な質の世界が生まれてくる論理は、一般的で普遍的なものが個別的なものに特殊な原理によって収縮され、現実化される論理として理解されていることになる。これはたしかに、中世の特異な存在論の概念の応用であるために、相当にミステリアスな事態であると解釈されてもしかたがない面がある。とくに、スコトゥスのように個々の事物がそれぞれ「これ性」という縮減の作用をもっと考えることは、オッカムの批判を待たなくとも、存在論的に過度の複雑さを招くことになるといえよう。とはいえ、非自己同一的な潜在性、ポテンチア、ヴァーチュアリティの世界が具体的・個別的な性質の世界へと「縮減する」というアイデアそのものは、必ずしも不合理で神秘的なものとして退けられる必要はない。なぜなら、曖昧さの収縮による個別性の発生や、不確定的なものからの確定的なものの分化という存在様態の推移そのものは、現代の存在論においても十分に基本的な事態として認められており、とくに近代の機械論的世界観を否定する量子論的世界像をくぐり抜けた、今日の存在論においては、むしろより基礎的な存在の図式として重要視されているからである。[14]

量子論的世界像において、古典的機械論との断絶が際立っているのは、いうまでもなく、その非決定論的因果観にかんしてである。量子論が扱う素粒子の世界においては、対象の「状態」と「運動量」とは分離しており、状態を表すベクトルは運動の固有値を示す確率の重ね合わせにすぎない。この運動の値が観測という物理的介入によって固定されることになるのが、いわゆる「波束の収束」である。この収束にかんしては、観測のレベルでのみ認められる現象性の問題として解釈しようとする実証主義的解釈(コペンハーゲン解釈)がある一方、この収束を電子や光子のもつ波と粒子という二重存在構造によって理解しようとする実在論的立場(ポパーなど)がある。後者の実在論的解釈は、量子論における運動と位置など、さまざまな非可換な量の間に見られる「不確定性関係」を、すべて実在の特徴と見なすが、このような実在論は宇宙論における量子論の応用においては、むしろ自然な考え方と見ることができる。というのも、宇宙の起源をめぐるさまざまな不可思議な現象は、そのほとんどがこの不確定性に由来しており、それが実在一般たる宇宙の起源に関与しているという説明が成立するためには、その実在論的解釈は当然の前提となるからである。

不確定性原理の初期宇宙にかんする応用としては、まずトンネル効果が考えられねばならないが、これはむしろ、重い原子核がアルファ崩壊を起こして他の原子核に変換するのと同類の現象であり、粒子の波の集中というよりも拡散の現象として、ここでの収縮や縮減の事例としては適切ではない。しかし、量子論的無からの物質(光子)の発生という根本の事象は、この不確定性の原理にもとづく無からの集合の凝縮的発出というモデルによく合致している。というのも、真空中の電磁場のゆらぎの増幅が大きくなるにつれ、そのゆらぎそのものが電磁波あるいは光として、対照的な存在性格を獲得するにいたるからである。

さらにまた、ビッグバン後の一秒間の真空について論じられ、物質の組成を研究する現代の物性論においても基礎的概念の役割を果たす「相転移(phase transition)」などの事象も、不確定的なものから確定的なシステムへの変換の好例である。ビッグバン後の真空では、強い相互作用が電弱作用と分離し、さらに後者における対称性に破れが生じるというかたちで、いくつかの相転移が生じたと考えられているが、これらもより一般的で、曖昧な存在形態から確定的なシステムが誕生する過程と考えることができる。

このように、単なるカオスからコスモスへという秩序形成の過程だけではなく、その根底ではたらいている存在論的図式として、潜在的で不確定なヴァーチュアリティの集合から確定的なものの集合への進化という存在論の図式は、現代宇宙論においてもより根本的な概念枠として共有されている。したがって、自己同一性を問いえない潜在性からなる世界から、個別化した性質の集合へと世界が転移するというパースの図式は、宇宙論の図式としても極端な不合理をはらんだものとはいえない。それはむしろ、彼の議論のきわめて現代的な側面の例証ともなる。われわれはここにも、中世の哲学にまで概念的源泉を掘りさげつつ、同時に未来の存在論へと視線を投げかけようとする、パースの独自な方法を確かめることができるのである。

さて、先に引用した感覚質の進化の理論において、われわれの理解を本当に困難なものにしている点は、実際には、むしろ別のところにある。それは質の進化、すなわち縮減が始まる以前の、超無限次元の多様性の世界の誕生の物語である。先の引用にあったように、時間と論理以前の世界は次元をもたない、まったくの不確定であり、それゆえに無である世界である。その無次元の世界が、突如として無限に豊かな超濃密次元の世界へと全面的に転換する。『連続性の哲学』においては、それこそがまさに無から「時間と論理」が生まれることである。以上の世界構成の図式において、もっとも理解が困難な側面として際立っており、謎が最後まで残るのは、この転換であり、それはやはりどこまでいっても時間が生まれる局面そのもののもつ難解さなのである。

時間は一方で質の世界に接しながら、もう一つの、より世界の開闢に近接した側面で論理の世界と接している。感覚質の世界へと進化する世界の創始の時点において、無次元の世界からまず現れてくる無限に豊かな次元の世界とは、この論理と時間とが結びついた世界である。

混沌とした原初的な潜在性＝無

←

超無限次元の連続体からなる世界

（論理と時間とが結びつく世界）

（時間と質とが結びつく世界）

←

確定的な質の連続体からなる世界

しかし、論理と時間とが結びつく世界とはいかなる世界なのか。この問題が、われわれの前に最後の難関として立ちはだかっている。

時間が客観的様相の一変種であることは、議論するまでもない明白な事実である。[15]

時間とは結局何であろうか。それは論理的な依存関係の法則が直観にたいして現われる形式のことである、と言っても良いかもしれない。しかし、論理的依存関係を客観的なものとして捉えるなら、この関係は何になるであろうか。それは単発的な強制ではなく、法則に支配された帰結の必然化ということである。したがって、われわれの仮説は次のようになる。時間とは、論理そのものが客観的な直観にたいしてそれ自身の姿を現す形式のことであると。そして、現在という時点が非連続性をもつということの意味は、まさにその時点において、第一者からは論理的に派生できない、新しい前提が導入されるということである。[16]

（1）　時間とは客観的様相(objective modality)の一変種である。

客観的様相とは、実在世界に認められるさまざまな種類の存在のモード、可能、必然、現実存在(may, will, would, is, should, must, etc.)というあり方である。時間はこの様相に密接に結びついている。なぜなら、時間は質の変化を担うが、その変化には、変化の可能性から必然性までのあらゆる種類の存在様相が関与するからである。変化はすでに起きてしまった過去から、現に起きつつある現在、そしてこれから起きるであろう未来へと時間を横切っている。しかし、変化の存在様相はこれだけではない。実際には起きなかったが、起きそうであった出来事。生じる可能性は全く少ないが、けっして起きえないとまではいえない出来事。どうしても生じざるをえない出来事。あるいは、これから生じても不思議ではない変化——。これらはすべて単線的な時間の相には属さない、仮定的未来や過去に属する事実である。

これらすべての様相が時間の属性である以上、時間という存在は客観的様相の一変種であることは疑えない（そして、このことを考慮に入れると、時間を表す点の集合は、もはや実数の集まりとしては考えることができない。時間はすべての仮想的点からなる集合として、実数の濃度を凌駕する濃度の多数性をもった連続体であることが判明する）。

（2）論理的依存関係もまた客観的様相から生まれるものである。

論理的推論は、単なる心理的過程ではなく、自然そのもの、存在そのものが因果の原理に則って、前提から不可逆的に帰結を生みだす過程である。その論理の領域は演繹的推論から帰納的・仮説形成的推論まで広げることができる。しかし、命題間の結合の種類にかんするこの分類とは別に、命題の述語に様相の区別を組み込んだ論理の体系を考えることができる。それが様相論理であるが、様相論理と通常の論理との関係については、ふつうは通常の論理を拡張したものが様相論理と考えられている。しかし、パースはその図像的な論理学において様相論理への拡張の可能性を示す一方で、論理的推論関係が様相論理によって説明され、基礎づけられるという、数学と論理にかんする「様相説」というものを主張する。

これは、集合論の標準的モデルを様相論理によって構成できるために、集合論に基礎づけられたすべての数学的命題は、様相概念を用いた推論に書き換え可能なものと見なしうる、という考えである。

論理が思考の過程であるばかりではなく、全存在の根本的存在形式であるとすれば、全存在の源でありいっさいの空間と事物の誕生に先行する世界として考えられるのは、あらゆる推論過程と変化の過程の源としての様相論理の世界である。様相論理が映しだす客観的様相の世界こそ、いっさいの数学的連続性を含んだ、真の一般性を表現した世界である。[17]

（３）そして、時間と論理との相似は、現在という非連続性の現出と、論理的推論における新しい前提の導入との相似として理解される。

時間は本質的に逆転できない。この不可逆性は、現在という瞬間が連続体のなかで常に非連続性を生み出しているという事実に由来する。この非連続性の連続的産出は、論理においては新しい前提の導入の可能性に相当する。論理は客観的な推論の依存関係という形式のもとで、無数の新しい前提にたいして常に開かれているのである。

最大限に高度な次元の密度をもつ世界としての客観的様相の世界、それが論理の世界であり、それが直観へと映し出されてくる秩序が時間である。そこでは、あらゆるタイプの必然性の結びつきが存在し、そのなかで、あらゆる独自性をもった新しい瞬間が登場し、あらゆる新しい推論の前提となっていく。最高度に濃密な世界において連続的な非連続性の流出、閃光の発出があり、そこから具体的な質的変化の秩序としての実質的な時間の流れが成立する。かくして、時間は一方で論理と直結しながら、他方では質の世界へとつながっている――。

パースのいう時間と論理の結びつきという考えのあらましは、このようなものである。ここには明らかに、彼の複雑な論理思想のなかでももっとも深遠な側面が、非常に凝縮されたかたちで関与していることが見てとれるであろう。

しかしながら、これでもなお、まだ純然たる完全な無から、超越的に濃厚な密度の連続体の世界がいかにして生まれるのかは、まったく手つかずの、謎のままである。そもそも、純粋に無である世界にかんして、いかなる変化の契機を語ることができるのか。無のなかにいかなる変換の論理がありうるのか。純粋な無が純粋な無のままで変換するということは、明らかに説明不可能な事態ではないのか。それはもはや「論理以前」の事柄である以上、いかなる説明も届かない神秘ではないのか。

それゆえ、驚くべきことではないが、パース自身も最終的にはある意味での敗北を認め、原初の完璧な無の世界についての説明の困難を告白している。「連続体は離散的な値の全次元をもつことができる。次元の大きさが離散的な値のすべてを凌駕するときには、その連続体は離散的次元をもたなくなる。わたしはこうした連続体について未だ論理的に明確な考えをまとめるには至っていないため、暫定的に、それをもっとも抽象的な潜在性のもつ、太古の曖昧さからなる一般性であると見なしている」(18)。次元の離散的な値とは、カントールの無限論におけるアレフの次数に相当する。純然たる無から超越的な連続体の世界への転換とは、このアレフの値が無から無限大へと変換することである。「太古の曖昧さからなる一般性」の全面的転換——これがパースの宇宙論における、宇宙の始まりのその始まりにあった最大の爆発という意味での、ビッグバンである。

無から最高度の次元の連続体への転換は、究極の神秘である。それはわれわれの理解には届きえない永遠のミステリーであろう。

その神秘を彼は、しかしある断片で次のようにもいい表している。

わたしは、まったく限界をもたない自由からなる「無」からは、必然的には何ものも帰結しなかった、というであろう。それはつまり、演繹的論理によっては何ものも、ということである。しかし、自由の論理、可能性の論理においては、そうではない。自由の論理、あるいは潜在性の論理とは、それ自身を無化する論理である。というのも、それが自己自身を無化しなければ、何もしない潜在性として、完璧な無為、無駄に留まるからである。そして、完璧に無駄な潜在性は、その完璧な無駄さそのものによって、無化されるのである。[19]

演繹的論理と対比される「自由の論理（the logic of freedom）」、あるいは「潜在性の論理（the logic of potentiality）」。この論理は自己を無化するはたらきをもつ。このはたらきのゆえに、完璧な無為、無の世界である太古の曖昧さからなる一般性は、自己を完全に無化し否定することによって、最高度の次元をもつ連続体へと生まれかわる。あるいはそうした連続体を発出させる。ここにはまた、スウェーデンボルグの自己否定的愛の論理、アガペーの思想の残響が聞こえている。それは世界の終末と対比される、世界の始まりにおけるアガペーである。世界と時間の始まりには愛があったというヨハネの思想が、ここでパースの哲学と一つになるのである。

世界の始まりにはアガペーがあった。アガペーとは無数の連続体の産出原理としての無のはたらきであった。この無から生まれる宇宙の時間の流れは、無数にあることであろう――。これが、パースの宇宙論の結論となる。

さて、以上で、宇宙誕生のロジックをめぐるわれわれの追跡を、一応終えることにしたい。最後にこれまでの宇宙生成の長く入り組んだ物語を締めくくるために、もう一度最初の出発の地点に戻って、百万人のギャンブラーによる数百万回の賭けのゲームの続行のモデルを使った宇宙進化、というこれまでのストーリーの原点を振り返ってみよう。「百万人のプレイヤーがゲーム場に座って公平な賭けのゲームに興じていると想定してみよう」――パースはこの議論を、無数のランダムな事象から生まれる擬似的規則性によって、カオスからコスモスが生じるという宇宙進化説の大枠を設定するために用いたのであった。

無秩序の無数の積み重ねのなかから規則性が生まれ、その規則性の何重かの発展を通じて、さまざまな法則に支配された宇宙という大きな体系ができる――。この発想は彼の「偶然主義」の基本的なアイデアを伝えるには十分なだけの明快さとユーモアを備えている。それはまた、今日のカオス理論や複雑系の考えに通じる斬新さをもっていた。パースはまず、カオスからコスモスの生成の例示を与えるために、黒板にランダムに書きつけた無数の短い線分の集まりを想定して、そこからこれらの短線の集合の「外皮」としてひとつの円が現れてくることを示した。そして、この円がいわば「宇宙の卵の生成」に等しいことを主張したのである。

偶然を本性とするさまざまな自発的な小さな戯れの膨大な集まりから、宇宙の卵が生成すること。これが偶然主義の根本的な思想であるが、その細部を埋めて具体的な宇宙論として整備されるに至るまでの道のりには、大きな理論的困難の数々が横たわっていた。宇宙の卵の生成を可能にする線分とは閃光にほかならないが、この閃光の真の意味とは何なのか。そもそも、短い無数の線分が集まって一つの連続した円形をなすためには、それらの線分が描かれる黒板の連続性が予め確保されている必要がある。黒板の連続性こそが、生成するかたち、誕生する宇宙の基礎となる隠れた地平、基盤であるが、この隠れた連続体、自己同一性をもたない潜在性の集まりであるこの原イデアの世界、連続性の母胎の本当の正体は何なのか。そして、短い線分の集まりが無数に集まるとき、なぜそこに連続性の流れが生じるのか。それは単なる流れの錯覚なのか、それとも線分同士が実際に連続性や一般性を獲得する力を習得していっているのか。現代においては量子論的な真空におけるゆらぎから、光や物質の粒子が無限に生まれ出てくるとされる、このもっともドラマティックな全宇宙と存在の究極の源泉が、パースの体系では、結局のところ明確なヴィジョンとして、まとまりえているのかどうか——。

彼の形而上学的宇宙論の試みは、こうした疑問に一つずつ答えていって、整合的な宇宙の進化のヴィジョンを形成しようとした粘り強い試みであった。その解答の多くは、現代のわれわれの宇宙論に直結する先駆性をもちながら、そのいくつかは彼の時代を考慮しても奇妙なくらい時代遅れな考えを保持したものであった。とはいえ、その試みの総体が一つの体系的建築物として、哲学と科学のもっとも困難なテーマに挑んだモニュメンタルなものであることは疑えない。たとえそこに、いかに多くの未完成な部分が残されているとしても、この大規模なモニュメントを支える理論的創意のいくつかは、ここまでわれわれが見てきた角度に留まらず、また異なった側面で、これから先も幾度となく新たな注目を浴びることであろう。(20)

〈自然〉はひとつの神殿、その生命ある柱は、
時おり、曖昧な言葉を洩らす。

ボードレールはこう歌ったが、〈自然〉が時おり曖昧な言葉を洩らすことこそ、無限に連鎖する潜在性の海から、具体的な質的要素の連鎖が凝縮され、縮減されて発現することにほかならない。それは偶然的で不規則な閃光がランダムに発生するうちに、計画されずに一つの円が「宇宙の卵」として生み出されるようなものである。その卵はあくまでも無計画な閃光の流れのなかで誕生したために、どこまでいっても曖昧な輪郭を引きずっているであろう。

とはいえ、この言葉を洩らす「柱」は実際には一つではない。自然にはいくつもの柱が存在し、そこからいくつもの現実世界が多重的に生み出されている。宇宙の卵の発生は、それ自体がランダムな多宇宙の生成の過程である。この過程は永遠に続いており、原宇宙からのさまざまな現実宇宙の誕生の過程の痕跡は、「ちょうど廃墟のそこかしこに遺された円柱が、かつてはそこにいにしえの広場があって、バシリカ聖堂や寺院が壮麗な全体をなしていたことを証言しているのと同じ」ように、多宇宙を横断して広がっている。

わたしたちはいつの日かきっと、自分たちの現実宇宙という円柱のうえに座って、無言のままに広がる無限の泡宇宙を眺めながら、その背後になお遠く繰り広げられているであろう「壮麗な全体」の偉容を、明澄なかたちに思い描くことができるようになるにちがいない。

エピローグ　素晴らしい円環

一八二三年、アメリカはまだ合衆国連邦として完成の途上にあった。アメリカはこの年にいわゆるモンロー・ドクトリンを発表し、国際的な舞台から一歩退くしかたで、国内の結束を固めようとしていたところであるが、南北戦争を経て真の統一に至るまでには、その後さらに四〇年ほどの年月を経る必要があった。

ラルフ・ワルドー・エマソンはこの年の夏、一人で隣のコネチカット州への徒歩旅行に出かけた。当時彼は二〇歳、早くも八歳で父を亡くし、一四歳でハーヴァード大学に入学したが、学長の給仕や雑役係を勤めることで授業料免除の学生として四年間を過ごした後に、二年前に卒業していた。彼はこの学部卒業後も、兄の経営する女学校で教えるかたわら、大学の神学部に属して牧師となる途を着実に進むのであるが、やがて妻の死などをきっかけにして、伝統的なカルヴィン主義にもとづくキリスト教神学に深い疑問をもつようになり、いつしかアメリカ・ルネッサンスを担う独自の思想家へと変貌していったのであった。しかし、二〇歳の夏に試みられた以下のような旅行の日記を読むと、伝統的なキリスト教神学とは別の思想への道筋は、すでに彼の神学部在学中から眼前に開かれており、その深淵の深さが身をもって経験されていたことが知られる。エマソンはこの年に「プラトンの洞窟」ともいうべき形而上学的ドラマの舞台をへめぐるという、きわめて特異な体験をするのである。

このとき彼は旅の途中で、マサチューセッツ州のノーザンプトンにあるストロング家に滞在していたが、その息子の一人で同じ年のアレンとともに五マイルほど離れた山中にある鉛鉱山に行ってみようということになった。「わたしたちは馬の背に揺られながら(なんと、ヘラクレスという名の馬であった！)、難渋をきわめた探索を不屈の闘志でやり抜いた結果、ついにその場所を発見した」と彼は日記に書いている。それは鉛鉱採掘のために山中に掘られた洞窟であったが、そこではギリシア神話に出てくる冥府の河の渡し守カロンその人がはたらいていたのである。

わたしたちは馬をつないで、標識に従ってかなり急な渓谷の道を谷底まで下っていき、五フィートほどの幅の小さな水路の閉ざされた入り口を発見した。そこで私たちはこの人造の洞窟の奥にいるであろう鉱夫を呼び出そうとして、洞窟のなかに拳銃をぶっ放した。その砲声は大きく轟き渡り、長い残響を響かせていたが、やがて気の遠くなるような時間の後に、この陰気な暗闇から光がもれてきて、ランプを脇につけた一艘のボートが近づいてくることに気づいた。わたしたちは日の光のもとに鉱夫を出迎えたあと、帽子を脱いでボートのなかに身を寄せ合って横たわり、そのまま自然に洞窟のなかに入っていった。洞窟の天井は四フィートから六フィートの間で高くなったり低くなったりしていたが、壁は非常に柔らかい砂岩でできていて、絶えず水がぽたぽたと滴り落ちてきていた。やがてわたしたちの目には入り口の光が見えなくなり、ボートのランプの光以外ではこの陰鬱な水路を目にすることはできなくなったが、このときわたしたちはまさにこの世を後にしたのであって、この煤まみれのわれらが船頭こそが、かの神話上のカロンその人であるということに気づくのには、いかなる想像力も必要としなかった。

二、三百フィート漕いでいくと頭上の天井は徐々に高く広くなっていき、左手に水の流れているのがはっきり聞こえるようになった。これは坑道の通気孔から落ちてくる水で、通気孔は地表につながっていた。わたしたちはこうした方法で漕ぎつづけながら九百フィートほど進み、そこでボートから降りて坑道の突き当たりまで丸太を敷いた道を歩いていった。わたしたちはそこに鉛の鉱脈とこの地底人の作業の成果が見つけられると思ったのであるが、その期待はすっかり裏切られてしまった。彼はこの岩を一二年間にわたって掘り続けてきたが、いまだに鉛の鉱脈を見つけてはいなかったのである。……とはいえ、彼は鉱脈を発見してはいなかったとしても、「素晴らしい花崗岩のところまでは達しているのだ」と重々しく告げた。……彼は一〇日で一フィートほど進む気の遠くなるような作業を続けながら、毎日毎日、冬も夏もこのじめじめと湿った人気のない墓場で一人きりの生活を送り、すでに九七五フィートの距離を掘り進んでいた。彼は、「この場所は瞑想にはもってこいだし、小鬼(ゴブリン)など出てきはしないのだからね」といったのだった。(1)

ヘラクレス―山奥の洞窟―この世との訣別―地獄の河の渡し守―未発見の鉱脈―瞑想―見えないゴ

ブリンたち。

二〇歳のエマソンにとって、一人での徒歩旅行途中で遭遇したこれらの道具立てからなる一組の象徴的事実は、彼がそれまでに呼吸していたニューイングランドのカルヴィン主義ないしピューリタニズムとはまったく別世界の、異教的・哲学的世界への通路を開く鍵の一つを用意したと考えることができる。それは彼がやがて徐々に確立していく「自己信頼(self-reliance)」の思想の萌芽を育む一方で、ギリシア思想からペルシア思想あるいはインド思想へと広がっている自由な思弁的哲学の可能性の領野を予感せしめたにちがいない。彼は旅から帰って二、三週後に、同じ日記のなかで、人間とははるか上空にある自由を見つめつつ、自分の鎖を鍛える仕事に戻らざるをえない奴隷のようなものだと述べているが、自由を遠く望みつつ、自らの鎖を研ぎすます奴隷とは、まさしく山中の洞窟で出会った鉱夫であると同時に、やがて自己への信頼を唯一の基礎としてあらゆる思想の自由を享受しようとする、未来の自分を思い描いたものであったのであろう。

とはいえ、こうした思想的独立の方向を指し示すきっかけとなったこの特異な洞窟体験が、さしあたってダイレクトに暗示しているのは、独立よりもまず隷属という状態である。それはエマソンにたいし何よりもまず、プラトンの洞窟の実在を知らしめたのであり、さらにはテセウスがアリアドネの糸を頼りに、牛頭人身の怪物ミノタウルスとの闘いに臨んだクレタ島のミノス王の「迷宮」のリアリティを教えたと考えるのが自然であろう。プラトンの『国家』によれば、日常的な感覚世界の現象に幻惑されているわれわれの魂は、実際には外なる実在界からの光を背にして、洞窟の壁に映ったさまざまな影絵の幻の変化を目にしているにすぎない。プラトン哲学の根本のモチーフが、この影の世界からの「魂の向き返り」を敢行することによって、真実在たるイデアの世界を直視する途へと向かうことであるのは、言をまたないであろう。そこでは、洞窟を洞窟として意識することが、超越的な世界への自由な飛翔へと向かう魂の哲学的陶冶の第一歩とされていた。同様にして、怪物退治に恋愛をからめた英雄物語と見えるテセウスとミノタウルスの迷宮譚にも、実際には、超越的な世界への魂の飛翔の願望というモチーフが重なっている。というのも、アリアドネの導きでテセウスが迷宮からの帰還に成功したことを知ったミノス王は、怒りにかられて迷宮の作者であるダイダロスを塔に押しこめてしまうのであるが、自ら翼を作ってその塔からの脱出を図った者こそ、ダイダロスとその息子イカロスであったからである。

パースの宇宙論という一九世紀の末に現れた特異な理論体系を理解するために、われわれはまさしく本書でのアリアドネの糸として、エマソンのスフィンクスという形象を利用してきた。彼のスフィンクスとは、これらの洞窟での幽閉と天空への飛翔という神話的なモチーフを下敷きにしつつ、旧約聖書に見られるケルビムの形象なども重ね合わせることで、宇宙と生命とをめぐる根本原理の追究者の前に立ち現れ、それを導く象徴的存在へと昇華したものだと思われる。長い倦怠に苦しめられながらも、詩人の呼びかけによって「快活に立ち上がり、紫の雲、月光の銀色、黄色い炎、赤い花々と混じりあい、泡立つ波に流れ込む」と歌われた、活発で能動的なスフィンクスとは、長い瞑想の果てに遂に宇宙の「鉱脈」を発見することによって、地獄の渡し守カロンからイカロスへと転じる鉱夫その人であった。スフィンクスとは、このイカロスがさらに詩人の思想的成熟のなかでダイナミックな変身を遂げ、太陽の炎に焼かれてもけっして最後まで燃え尽きることなくふたたび蘇る、永遠の生命のシンボルと化したものであったといえよう。

他方、これにたいして、エマソンの詩的想像力とそれに共鳴した父や友人たちのインスピレーションに導かれるようにして、同じくスフィンクスに向かい合うことになったパースであるが、彼がより強く惹かれているのは、神話的動物としてのスフィンクスやミノタウルスの活動であるよりも、むしろそれらの存在の背後に暗示される光のささない洞窟であり、迷宮であり、迷路のほうであったといえる。パースがその宇宙論を構想し始めた一八八〇年代、アメリカはすでに南北戦争を経験し、新たな統一国家としてヨーロッパに伍しうる学芸の高度な進展を推進しようとしていた。パースの父は、リンカーンのもとで策定された国立科学アカデミー構想の立案者の一人であった。その父の庇護のもとで科学の深奥へと迫ろうとしたパースは、かえって科学的理論の飛翔に必要となる論理的・形式的思考のもつ奇怪な複雑さ、迷宮的な闇の深さと、その闇の輝きに目を奪われずにはいられなかったのである。

パースによれば、スフィンクスが問いかける世界全体の誕生の論理と進化の論理という謎を追究するためには、何よりも洞窟の暗さと深さそのものを身をもって体験する必要がある。これまで見てきたように宇宙の誕生と進化を説明するのは、連続性の集合論でありグラフ理論であり、ひいてはトポロジーや可能性をめぐる様相論理学である。パースはこれらの形式的な道具立てが、神話的な空想や形而上学的な思弁に足をすくわれず、確固たる分析を展開するための導きの糸であることを強く意識した。宇宙論においては、世界の基本的枠組みである時間空間の形式はもとより、さまざまな法則的規則性や論理的必然性であっても、超-宇宙的に妥当性をもった永遠の真理として扱うことはできない。世界が「創造」される以前にも神の知性においては妥当するであろうといわれる、唯一絶対の論理的真理という考えを、彼は拒否している。その彼にとって唯一可能な普遍的妥当性とは数学的真理であり、それゆえにこそあらゆる理論的迷宮の導きの糸は、そのカテゴリー論や連続性の理論によって与えられることになるのである。

数学的思考が可能にする洞窟体験——その具体的なあり様は、「オレンジ、レモン、ライム、ベルガモット、橙など、柑橘系の香り」や「コーヒー、シナモン、樟脳、楠などの匂い」に導かれて、われわれが暗闇のなかで体験するであろうこの現実空間とは異なった空間把握の可能性の舞台として、実際に提示されていた。そこでは、漆黒の闇のなかで温度や触覚、体の姿勢の感じなど、視覚以外のあらゆる感覚を用いて現実を超え出た宇宙への洞観のきっかけが、洞窟体験というかたちで与えられるとされた。かつてプラトンは、洞窟に映った影を指差して、間違えればわれわれの視覚を殺してしまうかもしれない危険性をはらんだ太陽の光へと、あえて向き返ることを説いたのであるが、視覚を失うことで体全体が連続的質の世界と溶融することになるパースの議論もまた、この思想とまったく同じ構造をもつものではないとしても、やはり洞窟を利用した形而上学的冒険の一種には変わりがないといえよう。

今日のわれわれにとって、パースが提示したこの形而上学的冒険のイメージは、彼の時代の読者とは比較にならないくらい、きわめて身近なものとして受け取ることができる。いいかえれば、彼のこの思弁的発想の、「われわれにとっての現代性」は疑いようもない事実である。というのも、果てしない暗闇によって構成される洞窟や迷路のメタファーは、現代のわれわれにとっては数学ならぬ実際の宇宙船によって運ばれるべき宇宙空間の洞窟的世界として、あまりにも卑近なものになっているからである。

たとえば、キューブリックの映画『二〇〇一年 宇宙の旅』の最後では、木星軌道上に浮かぶ巨大な「モノリス」へと単身飛行を試みようとした主人公のボーマンが、星の誕生や死が溢れかえる光の洪水となって襲ってくる「異次元の回廊」をへめぐっているうちに、時間を超えてロココ風の世界へと漂着してしまう。この光の激流でできた異次元の回廊とは、クラークの原作以後の宇宙論の言葉でいえば、異なった時空の地平をつなぐワームホールであるといえよう。そして、相対性理論の宇宙論への応用に端を発し、今や宇宙を構成する天体の主要な一つとなったようにも思われる、いわゆる「ブラックホール」の存在がある。いっさいの事象の地平となり、光とエネルギーのすべてを吸収してしまうとされる無数の漆黒のブラックホールこそ、ワームホールという発想の基礎となる宇宙の特異点である。それはまさに宇宙大の規模で想定された現代の哲学的洞窟であり迷宮であるといえよう。

さて、ブラックホールであれ、時間を超えるワームホールであれ、現代の洞窟は科学をその導きの糸と見なして構想されている。それゆえ、数学的思考を導きの糸として迷宮へとかかわろうとするパースの姿勢は、ある意味ではわれわれ自身の姿であるともいえる。しかしながら、パースはやはり一九世紀後半の思想家であり、しかも孤高の哲学者である。あるいは、彼自身が告白するところの「死のような十字架」[2]を背負った哲学者であって、世の終わりの時まで暗い世界に留まり続けようとする意志の代弁者である。

なぜなら、彼は数学的思考が闇を開き、確固たる分析の道具となる力をもつことを着実に確認してゆくと同時に、他方では、そうした形式的探究が互いに絡まりあって、新しい迷宮を紡ぎ出すものであることにも気づかざるをえなくなるからである。彼は自分の宇宙論的思弁の妥当性を未来の探究者たちの検証に託す一方で、その晩年には、最終的にこうした洞窟の象徴の意味を深めて、形式的探究がそれ自体でもつ「迷宮性」ともいうべき本性に、さらに積極的に関わっていこうとする姿勢を見せている。形式的探究は、謎解きの道具を与えると同時に、謎が住まい、生きる世界そのものを、より深い奥行きをもった、より暗いものへと塗りかえていくのではないのか――。こうした考えへの傾きを強めてゆくパースは、いわばエマソンが出会った洞窟のなかの鉱夫のように、自らを縛りつける鎖を研ぎすましながら、どこまでもその暗闇の奥へと向かいつづけようとするのである。

本書で扱った彼の宇宙論的思弁がもっとも体系的に展開されたのは、一八九一年から始まった『モニスト』誌上での連続論文においてであった。彼はこの独自な編集方針に立つ国際的哲学雑誌を舞台にすることで、保守的なアカデミズムの世界からは排斥されつつあったにもかかわらず、自由な発想のもとで自説を展開することができたのであった。

この宇宙論シリーズは、この雑誌にパースが発表した第一回目の連続論文であり、彼はこの後もこの雑誌をもっとも重要な発表機関とした。たとえば彼は、形式論理学を用いた厳密な推論をグラフのかたちで表現しようとする「存在グラフ」の理論などをこの雑誌で展開しているが、とくに病死する一九一四年までの間に、さらにつごう三回のまとまった論文シリーズを発表することになる。宇宙論以降の『モニスト』での連続論文のテーマは次のとおりである。

第二回、「関係の論理学」をめぐる二篇、一八九六―九七年。

第三回、「プラグマティズム」をめぐる三篇、一九〇五—〇六年。

第四回、「驚くべき迷路」をめぐる三篇、一九〇八—〇九年。

このうち第二回の関係の論理学をめぐるシリーズは、ドイツの論理学者エルンスト・シュレーダーの大著『論理学の算術にかんする講義』の書評の形式をとりながら、パース自身の「関係項の論理学」の体系的提示を本格的に試みたものである(われわれはシュレーダーのパース評については、六九頁で見た)。

また、第三回のプラグマティズムをめぐるシリーズは、二〇世紀初頭以来のジェイムズによるプラグマティズム思想の喧伝とその広範な受容にたいして、パース自身のプラグマティズム観を対置しようとしたものであり、「プラグマティシズム」という特異な言葉を導入して、自説を全面的に擁護しようとしたものである。

これらの連続論文が他の思想家との対決に費やされたのにたいして、第四回、最後のシリーズは、第一回の宇宙論シリーズと同様に、パース自身のユニークな主題を自由に展開したものである。この最後の「驚くべき迷路(Amazing Mazes)」シリーズは、雑誌に論文が発表されたのは三回であるが、原稿としてはその続篇も用意されていた。そして、このシリーズの三回目の発表論文が、彼が公刊した論文としては最後のものとなった(パースはこのとき七〇歳、それまで長年にわたって困窮をきわめた生活を送ってきており、肉体的にも非常に弱っていた。彼は最終的に、事典項目などの短いものも含めて、その生涯に一二五〇篇近い数の原稿を雑誌その他に発表した)。したがって、『モニスト』のこの第四回シリーズこそ、文字どおり哲学者パースの絶筆であったことになる。

「驚くべき迷路」シリーズの第一回のタイトルは「驚くべき迷路いくつか」、第二回は「驚くべき迷路いくつか、結論部、最初の謎の説明」、第三回は「驚くべき迷路いくつか、二番目の謎」となっている。これらの続篇として「三番目の謎」「四番目の謎」が原稿として残されたが、公刊されなかった。

「驚くべき迷路」の表向きのテーマは、トランプのカードを使ったトリックのいくつかの例を提示して、「珍しい謎(curiosity)」(好奇心をそそるもの、不思議なこと)を示すと同時に、それらが実際にはまったく種も仕掛けもないものであり、トリックや謎ではないことを示すことである。そのために、そうした不思議が生じる背景の説明として、「円環算術」(あるいは「時計算術」「モジュラー算術」cyclical, clock, modular arithmetic)という考え方を紹介し、さらにこの算術が連続性の問題や数の無限系列の問題にどうかかわるのかを解説する。この論文シリーズは、それゆえトランプのトリックという娯楽的な題材を導入にして、一見したところ軽いテーマを論じながら、円環算術という発想が照らし出す論理的思考の射程を明らかにしようとしたものである。[3]

シリーズの題名の Amazing Mazes はもちろん、maze という音を使った語呂あわせになっているが、maze という言葉は「迷路、迷宮」という意味から「当惑、混乱」という意味を派生し、さらには、「ダンスにおける回転の動作」という意味まで含んでいる。したがって、「驚くべき迷路」は「驚くべき円環」あるいは「素晴らしい円環」という意味ももつ。つまり、この論文シリーズは円環算術の素晴らしさを論じるというわけである。

パースが取り上げるトランプの謎は、黒いカードのパックと赤いカードのパックを別々にもって、黒いカードの順番を参照しつつ赤いカードのパックを順番にシャッフルしていくと、赤いカードのパックからランダムに抜いたカードの数をすべて言い当てることができるという謎、不思議である。これは黒いカードのパックを「モジュロ」にして、赤いカードのパックの性質を解き明かすという、円環算術の応用である。

円環算術とは、別名の時計算術のように、ある数までくると最初の数に戻る数の連鎖にかんする算術である。時計であれば、数の連鎖は一から始まって一二まで進むと、次の数はまた一になる。つまり、この数の連鎖は、自然数を一二という「法(modulo、モジュロ)」で割った余りの数の列ということになる。時計では一二がモジュロであるが、トランプのカードの列では一三がモジュロになっている。そして、前にカテゴリー論として考察した「一、二、三」の連鎖からなる「宇宙のなかの数学」もまた、ある意味ではこの算術の一つの部分と考えることもできる。カテゴリー論は、いわばこの算術の一部分として組み込まれるのである。

この数の体系については、一七世紀のフェルマー以来、オイラー、ランベルト、ガウスなどの研究の伝統があるが、彼はこの算術の意義がそれまでの数学においてはいまだ十分に理解されていないという。

パースによれば、円環算術は円環的システムという一つの抽象的形式を措定するが、このシステムは可算無限集合や非可算無限集合、さらに大きな超限集合を等しく形式的に扱うための一般的な視点を提供する。いいかえれば、円環的システムというメタ形式のもとで、さまざまな数のシステム、数体系の特性を比較することができるようになる。そればかりでなく、この円環的システムというメタ的な視点を導入することで、形式的体系における「演繹」の意味が明快になる。とくに、定義から出発した「系」の派生とは独立になされる、新しい項の導入が、演繹的証明にどのように貢献しているかについての明確な特定が可能になる。これはいわゆる「機械的証明」とそれ以外のステップとの相違の判定にかんして、円環的システムの視点がテストの役割を果たすということである。それゆえ、円環算術はその表面上の計算だけから見ると特異な計算システムにすぎないが、実際には一つの特殊な算術形式というよりも、むしろもっとも包括的な一般的算術、あるいは上位の算術と見なされるべきなのである――。

このパースの議論は、論文の発表時にはまったく問題にされず、今日にいたるまでのパース研究においても、ほとんどまったくといってよいほど触れられていない。というのも、彼の議論の大半はトランプの謎の解説に費やされていて、その背後にある算術の分析は非常に断片的かつ断定的で、詳しい説明がないからである。実際、この算術の意味が完全に明確になるには、「体」や「群」という考えが整えられて、集合論を超える整数論などの形式的構造の研究が進む必要があった。パースはいわばその端緒を理解しただけだったのであろう。そのために、彼の解説はラプソディックなものに終始している。

しかしながら、今日この算術のもつ理論的な深さと実践的問題におけるその応用力の強力さは、さまざまなかたちで確かめられている。そのなかでも、もっとも今日的な関心を呼んでいるのは、「暗号」問題における素因数分解にかかわるこの算術のもつ意義であり、さらには、量子コンピュータを用いた量子暗号の可能性をめぐる攻防においてである。

暗号の使用に際して、その作成においても解読においてももっとも中心となる問題は、いうまでもなく元の文(平文)を暗号文に翻訳するために利用する鍵文の性質である。そして、長い文を翻訳するさいに用いられる鍵文は、複数回用いられているために、どこかで周期をもっている。それゆえ、鍵文の周期を見いだすためには、数値化されたその文の各部分が素数であるかどうかを判定し、素数でないときには素因数分解できればよい。しかし、素因数分解の単純な機械的手続きは存在しない。その本来存在しないはずの手続きを間接的に教えるのがモジュラー算術である。周期をもった数からなる数の列を一つの波と見なして、この波をモジュラー算術というフィルターに通してみると、自然に素因数がこぼれ落ちてくる。したがって、暗号作成や解読とこの算術とは切っても切れない関係にあることが、二〇世紀のコンピュータを利用した高度な暗号学の発展とともに次第に明らかになってきた。

しかも、たとえ高速のコンピュータとモジュラー算術を利用しても、長大な鍵文の素因数分解には指数関数的に増加する時間とコストが必要となる。このことが最近の暗号法における「公開鍵暗号」という奇抜なアイデアを生み出した。ところが最近、この絶望的なまでの時間とコストの壁をうち破る方法として、量子コンピュータを利用した手続きの圧倒的な短縮の考えが発案された。それが「ショアのアルゴリズム」と呼ばれる、ベル研究所のピーター・ショア考案の新しい素因数分解のプログラムである。それはモジュラー算術の考えとセルラー・オートマトンのアイデアを合体させて誕生した革命的なプログラムである。このプログラムの誕生とともに、量子コンピュータという超高速の計算機の可能性は、暗号の解読という卑近なテーマを導きの糸にして、徐々に現実味を帯びるようにな

ってきている。(4)

円環算術の応用によって単なるトリックの作成だけではなく、推論の機械化や高速化の限界にかんするメタ的な判定が可能になるのではないか――。「驚くべき迷路」を解く「素晴らしい円環」というパースのこの着想は、したがって、結局のところ――またしても――誤っていなかったことになる。そのことにわれわれはいまや遅まきながら、ようやく気づきつつあるのである。おそらく同じような意味で、これまで見てきた彼のさまざまなヴィジョンのいくつかが、また改めて注目されるようになることもあるにちがいない。

パースは「驚くべき迷路」シリーズの第一論文の冒頭に、次のようなミルトンの『失楽園』からの一節を掲げ、エピグラフとしていた。これは『失楽園』の第五巻に歌われた、神の言葉を聞いた天使たちの歓喜にあふれる舞踊(おどり)についての描写の部分である。その天使たちの舞踊は、「神秘的な舞踊であって、遊星と恒星とから成り、さまざまに回転するあの天球層によく似ていた」とされ、さらに'mazes'ともいい換えられている。邦訳ではこの mazes が「渦巻き」と訳されているが、これはすでに述べたように、迷路を作る渦巻きが多くの円やサイクルからなることから、ひいては舞踊の環の象徴としても使われるようになるからである。

渦巻きは複雑で、中心が次々に出来、互に絡み合い、しかも最も不規則に見える時ほど最も規則的になるのであった。(5)

Mazes intricate,
Eccentric, interwov'd, yet regular.
Then most, when most irregular they seem.

もっとも不規則で混沌とした迷路に見えるものが、実はもっとも規則的で透明な法則から生まれている。このことを明らかにするのが、暗号を解く鍵を提供する円環算術、モジュラー算術である。

パースにとって、この算術の将来の運命が量子暗号の可否にかかわってくることまでは、当然のことながら予想しようもないことであった。しかし、この発想があらゆる謎や迷路にたいする真の導きの糸であることを、彼はたしかに見ぬくことができた。そして、暗号と鍵との数学的絡まり合いのただなかに、「遊星と恒星とから成り、さまざまに回転するあの天球層によく似た、天使たちの神秘的な舞踊」が繰り広げられている様を、論理学と宇宙論との格闘に捧げられたその生涯の最後に、ありありと見てとることができた。彼にとっては、さまざまに回転する天球層も、天使たちの神秘的な舞踊も、宇宙の秘密にかんする謎かけを行いながら天へと飛翔するスフィンクスの姿も、すべて同じものであり、それらのすべてが算術の世界のなかに一点の曇りもなく映し出されていたのである。

注

プロローグ

（1） W5, p. 293. パースのテキストの引用は、主として次の三つの著作集を用い、三種類とも使用可能なときには⑴を、⑵と⑶のみ使用可能なときには⑵を、その他の場合には⑶を使用することにする。⑴と⑵は巻数と頁数で、⑶は巻数とパラグラフ数で、出典箇所を表示する。これらの著作集に含まれないテキストについては、その都度指示する。

⑴ Christian Kloesel, ed., *Writings of Charles S. Peirce: A Chronological Edition*, Indiana University Press, 1982-.〔略号 W〕

⑵ The Peirce Edition Project, ed., *The Essential Peirce: Selected Philosophical Writings*, 2 vols., Indiana University Press, 1992, 98.〔略号 E〕

⑶ Charles Hartshorne, Paul Weiss, Arthur Burks, eds., *Collected Papers of Charles Sanders Peirce*, 8 vols., Harvard University Press, 1931, 58.〔略号 CP〕

（2） E1, p. 297.

（3） Cf. CP6, 219–20, E1, p. 278.

（4） Charles S. Peirce, *Reasoning and the Logic of Things: The Cambridge Conference Lectures of 1898*, Harvard University Press, 1992, p. 258f〔略号 RL〕. パース『連続性の哲学』拙編訳、岩波文庫、二〇〇一年、

二五五―五七頁。以下、『推論と事物の論理』の引用は、この拙編訳により、表題も『連続性の哲学』と呼ぶことにする。引用に際しては、理解し易いように原文にない段落を挿入した。

第一章　エマソンとスフィンクス

(1) Cf. Francis Otto Mathiessen, *American Renaissance*, Oxford University Press, 1941. 酒本雅之『アメリカ・ルネッサンスの作家たち』岩波新書、一九七四年、藤田佳子『アメリカ・ルネッサンスの諸相――エマソンの自然観を中心に』あぽろん社、一九九八年。

(2) ニーチェによるエマソンの文章の数多くの借用ないし転用については、George J. Stack, *Nietzsche and Emerson: An Elective Affinity*, Ohio University Press, 1992 を参照されたい。

(3) Cf. Wilson Allen, *Waldo Emerson: A Biography*, The Viking Press, 1981, p. 469. Cf. also Walter Kaufman, Translator's Introduction to Nietzsche, *The Gay Science*, Vintage Books, 1974.

(4) Cf. Charles Andler, *Nietzsche: Sa vie et sa pensée*, 1922. Peter Bergmann, "Nietzsche, Heidegger, and the Americanization of Defeat", *International Studies of Philosophy*, 27-3, 1995.

(5) エマソンがポスト・モダン的哲学において中心的位置を占めることを強調する解釈者の代表は、スタンリー・キャベルである。Stanley Cavell, *This New Yet Unapproachable America: Lecture after Emerson after Wittgenstein*, Living Batch Press, 1989.

(6) アボットやベンジャミン・パースによるスフィンクスへの言及の事情の詳細については、パースの著作集［W］の第五巻における Nathan Houser の序文を参照されたい。

(7) Ralph Waldo Emerson, *Essays and Lectures*, Joel Porte, ed., The Library of America, 1983, p. 7［略号 EL］.『エマソン論文集』(上)酒本雅之訳、岩波文庫、一九七二年、三七頁。

(8) EL, p. 20.『エマソン論文集』(上)、五七頁。
(9) EL, p. 25.『エマソン論文集』(上)、六四―六六頁。
(10) Ralph Waldo Emerson, *Collected Poems and Translations*, Harold Bloom and Paul Kane, eds., The Library of America, 1994, pp. 5-8.〔略号 PT〕
(11) エマソンの『自然』にたいする同時代の代表的な批評、ならびに今日にいたるまでのこの作品にたいする評価の全体像は、次の研究書によってつかむことができる。Merton Sealts Jr. and Alfred Ferguson, *Emerson's Nature: Origin, Growth, Meaning*, Second Enlarged Edition, Southern Illinois University Press, 1979.
(12) EL, p. 10.『エマソン論文集』(上)、四二―四三頁。
(13) ヘーゲル『歴史哲学講義』(上)長谷川宏訳、岩波文庫、一九九四年、三四六頁および三四八頁(エジプト)、三六〇頁(ギリシア)。
(14) ニーチェ『善悪の彼岸』信太正三訳、ちくま学芸文庫、一九九三年、一七―一八頁。
(15)『創世記』旧約聖書I、月本昭男訳、岩波書店、一九九七年、一二―一三頁。
(16)「生命の木」にかんする文献は数多くあるが、ミルチァ・エリアーデ『宗教学概論』第二巻「豊饒と再生」久米博訳、せりか書房、一九八一年、R・クック『生命の樹』植島啓司訳、平凡社、一九八二年などが、代表的なものであろう。古代メソポタミアにおける「生命の木」の図像学的分析、および旧約聖書『創世記』における「善悪を知る木」と「生命の木」の関係については、宮家準・小川英雄編『聖なる空間』リトン、一九九三年所収の、渡辺和子「聖なる空間の表象――古代メソポタミアの「生命の木」」が参考になる。
(17)『エゼキエル書』旧約聖書IX、月本昭男訳、岩波書店、一九九九年、五頁および三三頁。
(18) PT, pp. 47-48.

第二章　一、二、三

（1）*The Century Dictionary and Cyclopedia*, The Times Book Club, 1909, vol. 10, p. 217. この項の説明はパースが書いたもの。パースはこの事典のために五千語以上の言葉の定義を執筆した。

（2）前掲『連続性の哲学』二六四頁。

（3）フリードリッヒ・シェリング『ブルーノ』服部英次郎・井上庄七訳、岩波文庫、一九五五年。

（4）エルンスト・カッシーラー『英国のプラトン・ルネサンス――ケンブリッジ学派の思想潮流』花田圭介監修、三井礼子訳、工作舎、一九九三年。この他に、わが国の研究者たちによるこの学派の代表的思想家の解説と翻訳集として、新井明・鎌井敏和編『信仰と理性――ケンブリッジ・プラトン学派研究序説』御茶の水書房、一九八八年がある。

（5）カッシーラー、前掲書、三〇頁。

（6）Ralph Cudworth, *The True Intellectual System of the Universe*, 3 vols., reprint of the 1845 edition, Thoemmes Press, 1995. カドワースの研究書としては、John Passmore, *Ralph Cudworth: An Interpretation*, Cambridge University Press, 1951 が信頼がおける。その他に、Stephen Gaukroger, ed., *The Uses of Antiquity: The Scientific Revolution and the Classical Tradition*, Kluwer Academic Publishers, 1991 に所収のカドワースにかんする論文二篇も参考になる。また、注（4）に挙げた『信仰と理性』に収められている、カドワースの「解説」と『下院での説教――一六四七年三月三一日』のテキストも重要である。とくに、後者のテキストの、次のような書き出しの文章を読むと、カドワースとエマソンとの思想的通底の実相が如実に感じられる。「この終末の時代、知識（ノレッジ）に関して多くの探究がなされている。アダムの末裔たちは、かつてのアダム自身と同じほどに善悪を知る「知識の木」に心を奪われ、その大枝をゆさぶり、その実を奪い合っている。しかるに多くの者が「生命の木」を気にかけていなさすぎるように私には思われる。炎の剣で人びとを脅して生命の木から遠ざけようとするケルビムは、今はいないのに、人はそこに到る道を通わず、あたかもその実を味わおうとする者はほとんどいないかのようである」(一二二―一二三頁)。

(7) リチャード・ジェルダード『エマソン 魂の探求――自然に学び 神を感じる思想』澤西康史訳、日本教文社、一九九六年、七四頁。エマソンにたいするカドワースの影響については、次のものが詳しい。John Harrison, *The Teachers of Emerson*, Haskell House, 1966.

(8) Cf. W1, p. 103, E2, p. 73.

(9) Cudworth, *op. cit.*, vol. 3, p. 434f.

(10) Cudworth, *op. cit.*, vol. 1, p. 219ff. 翻訳には、カッシーラー、前掲書、二〇八頁の訳を参照した。

(11) マシャム夫人の生涯と思想の概略については、次のものを参照されたい。Mary Ellen Waithe, ed., *A History of Women Philosophers*, vol. 3, Modern Women Philosophers, 1600–1900, Kluwer Academic Publishers, 1991, Ch. 5. マシャム夫人とライプニッツの交流については、Paul Lodge, ed., *Leibniz and His Correspondents*, Cambridge University Press, 2004, Ch. 9 が参考になる。また、マシャム夫人の宗教と道徳にかんする著作(一六九六年と一七〇五年)が、最近復刻された。Damaris Cudworth Masham, *A Discourse concerning the Love of God: Occasional Thoughts in reference to a Virtuous or Christian Life*, Thoemmes Continuum, 2004.

(12) カッシーラー、前掲書、一四八―一四九頁。

(13) E1, p. 312f.

(14) エマソンとジェイムズ・シニアやパースの父との交流については、Ralph Barton Perry, *The Thought and Character of William James*, New Edition, Vanderbilt University Press, 1996, Ch. 2, "The Elder

James and Emerson" が詳しい。

(15) ケイラスの思想全般については、James Sheridan, *Paul Carus: A Study of the Thought and Work of the Editor of the Open Court Publishing Company*, University of Michigan Press, 1957 が詳しい。ケイラスは次の著作でそれまでの自著のすべてについて解説を加えているが、そこには、「私の著作のいっさいは、過去および現在の最良の哲学者と科学者たちすべての心臓の鼓動を、私自身の思考の内で脈動させ、そこから新たな科学の哲学を打ち立てるために書かれている」とある。Paul Carus, *Philosophy as a Science*, Open Court, 1909. また、ケイラスと鈴木の協力関係は、さしあたっては次の翻訳などからうかがわれる。ポール・ケイラス『仏陀の福音』鈴木大拙訳、森江書房、一九〇一年(原著は、*The Gospel of Buddha, according to Old Records*, Open Court, 1894. 邦訳は『鈴木大拙全集』第二五巻、岩波書店、一九七〇年にも収められている)。

ケイラスは鈴木との協力関係を通じて、仏教思想、とくに『大乗起信論』にもとづく一元論的かつ汎神論的な仏教宇宙論を理解するようになる一方、鈴木はケイラスを通じて、スウェーデンボルグの思想と著作に通暁するようになり、ほぼ一〇年に及ぶ滞米から帰国した直後は、主としてこの思想の普及に努めることになった(次章の注(31)を参照)。鈴木の親友の西田幾多郎は、ケイラスのかたわらで働く鈴木を通じて、ジェイムズ、パース、ロイスらの思想を吸収し、それを『善の研究』へと結晶させることができた。したがって、一九世紀後半の『モニスト』編集部を十字路の交差点として、「西田と鈴木」と「ジェイムズ、パース、ロイス」という、日米の二組の友人哲学者たちが思想的に接触するという、非常に興味深い出来事が生じていたのである。日本の近代哲学を考えるうえできわめて重要と思われるこの歴史的遭遇は、これまであまり掘り下げて研究されていない。次の著作はこの局面を論じた数少ない研究のひとつである(筆者によれば、折口もまた、友人の藤無染を介して、ケイラスの宗教思想に触れ、大きな影響を受けたという)。安藤礼二『神々の闘争 折口信夫論』講談社、二〇〇四年。

(16) Cf. E1, p. xxix.

(17) ジョゼフ・ブレント『パースの生涯』有馬道子訳、新書館、二〇〇四年、四四〇頁を参照されたい。

(18) パースの詳しい伝記としては、何といっても、前注に挙げたブレントの伝記が決定版である。ブレントはパースの哲学思想に通暁しているばかりでなく、人間パースにたいする深い理解と共感によって、その困難な生涯のさまざまな側面に光をあてている。この伝記の公刊そのものが、いくつかの事情によって非常に長い年月を要したことも(シービオクによる「はしがき」参照)、この著書を陰影の深いものにしている。これ以外のパースの伝記としては、Kenneth Ketner, *His Glassy Essence: An Autobiography of Charles Sanders Peirce*, Vanderbilt University Press, 1998 が豊富な資料を収めている。本章の注(31)に示したように、ケトナーもまた、パースのカテゴリー論の解明に努力を傾注した研究者であり、その伝記はパースへの敬意と共感に溢れている。

(19) W6, p. 166f.

(20) 「元素(Elements)」という言葉は、もともと古代ギリシアのタレスやアナクシマンドロスらの「万物のアルケー(始元、原理)」や「ストイケイア(元素)」に通じる、重要な言葉であるが、パースにとってはそれ以上に奥行きのある意味をもっている。というのも、通常『原論』と訳されるユークリッドの『ストイケイア』は、英語では Elements であるが、この場合のこの言葉は、アルファベットのような「字母」という意味をもつ。本書の後半で示すように、彼のカテゴリー論はユークリッド幾何学の絶対性が失われたのちに、新たなストイケイア、New Elements として考案されたものであり(本章の注(29)を参照)、万物の元素であると同時に思惟の基本的単位という両面をもつ「カテゴリー」を、数学を導きの糸にして見つけようというのが、彼の『原論』の構想なのである。また、カテゴリーと化学元素との類比は、たとえば E2, p. 362ff など、随所で語られるが、電子価のような化学的性質とカテゴリーの値の類比も、以下の「価数分析」のアイデアから、自然なものとして理解できるであろう。

(21) W6, p. 170.

(22) W6, p. 176.

(23) パースが「現象学」という考えを正面から論じたテキストとしては、次の二つが代表的なものといえよう。一九〇三年、プラグマティズムにかんするハーヴァード連続講演、第二講「現象学(phenomenology)について」(E2, Ch. 11)、一九〇五年、プラグマティズムにかんする『モニスト』連続論文、第三論文「現象学(phaneroscopy)におけるプラグマティズムの基礎」(E2, Ch. 26)。

(24) W6, p. 170f.

(25) ウィリアム・シェイクスピア『ヴェニスの商人』松岡和子訳、ちくま文庫、二〇〇二年、七〇頁。

(26) W6, p. 172.

(27) W6, p. 203f.

(28) E1, p. 294f.

(29) 数学者としてのパースの業績は、アイスリーの努力によって、全四巻五冊の大部な論文集にまとめられている。Charles Sanders Peirce, *The New Elements of Mathematics*, 4 vols., Carolyn Eisele, ed., Mouton, 1976. 位相幾何学にかんする代表的作品は、この論文集の第二巻に収められた、全四部、二〇〇頁以上からなる"New Elements of Geometry Based on Benjamin Peirce's Works and Teachings"(1894)である。題名が示すように、この作品は父ベンジャミンの著作 *Elementary Treatise on Plane and Solid Geometry* (1837)の拡大改訂版である。

(30) 以下の説明は一九〇三年、プラグマティズムにかんするハーヴァード連続講演、第三講「カテゴリー論の擁護」における議論を要約したものである(E2, p. 174f)。しかし、基本的に同じ考え方は、「理論の建築物」(E

1, p. 293)でも、前掲『連続性の哲学』二三〇頁でも述べられている。

(31) パースはその還元可能性テーゼを非常に多くの場所で主張しているが、それを厳密に証明した論文は公にはほとんど発表しなかった。そのために、これまでのパース研究では、この証明をいかに構成するかが、大きな問題となってきた。この問題に、パースの膨大な遺稿研究から光をあてることに成功したのがケトナーである。以下の簡単な説明は、次のケトナーの論文を参照してまとめなおしたものである。同じケトナーの二番目の論文は、この理解の根拠となる一九〇六年前後の重要な未公刊論文について解説し、パースが考えた「価数分析」や「新ピュタゴラス主義」の定義を紹介するとともに、この考えと「存在グラフ」などの図標的論理体系との関係を明らかにしたものであり、パースの論理思想の解釈としてはもっとも決定的な意味をもつものの一つである。三番目のバーチの著作は、基本的に同じ考え方を、「トポロジカル・ロジック」という形式体系の構成にしたがって、完全に形式化したものであり、続くシンの著作も、パースのグラフ理論による論理の体系化を概観した、最近の研究である。Kenneth Ketner, "Charles Sanders Peirce: An Introduction", in John Stuhr, ed., *Classical American Philosophy: Essential Readings and Interpretive Essays*, Oxford University Press, 1987. Ketner, "Peirce's 'Most Lucid and Interesting Paper': An Introduction to Cenopythagoreanism", *International Philosophical Quarterly*, 26, 1986. Robert Burch, *A Peircean Reduction Thesis: The Foundations of Topological Logic*, Texas Tech. University Press, 1991. S. J. Shin, *The Iconic Logic of Peirce's Graphs*, MIT Press, 2002.

(32) 「宇宙のなかの数学」という表現は、本章の注(18)で挙げたケトナーの *His Glassy Essence*, p. 341 での表現を借りたもの(「宇宙のなかの」とは、「宇宙のなかではたらいている」という意)。カテゴリー論をこのように解釈する理解は、このテキストでは架空の登場人物の口を借りて表現されているが、その人物の正体は小説家、詩人のウォーカー・パーシーである。パーシーは、『廃墟の愛』『タナトス・シンドローム』などの作品で現代の狂気を追求した小説家であったが、一方で、生涯パースのプラトン主義的な実在論に傾斜した記号論に興味をもっていた。次の書物は、このパーシーとケトナーとの往復書簡を編纂したもの。この本には補遺として、カテゴリー論にかんするケトナーの論文数篇が付されており、その中には前注に挙げた二論文も含まれている。Patrick Samway, ed., *A Thief of Peirce: The Letters of Kenneth Laine Ketner and Walker Percy*, University Press of Mississippi, 1995. また、パースの思想を、世界は数でできているという考えよりも、世界はグラフでできているという考えと解釈して、その延長線上に「グラフ理論的存在論」を考案した、次のような別の研究もある。この論文では、パースの存在論と現代のスーパーストリング・モデルなどを基礎にした「万物理論(The Theories of Everything)」との類似性が指摘されている。Randall Dipert, “The Mathematical Structure of the World: The World as Graph”, *Journal of Philosophy*, 94–97, 1997.

(33) 「新ピュタゴラス主義」という言葉は、現代の古典研究では、後一、二世紀頃のゲサラのニコマコスやアパメアのヌメニオスなど、ヘレニズム時代にいったん消滅した学派がもう一度再生した後の思想家たちの理論を指すが(B・チェントローネ『ピュタゴラス派』斎藤憲訳、岩波書店、二〇〇〇年参照)、パースの時代にはこの言葉はなかったようである。また、パースのこの言葉の接頭詞“ceno-”はギリシア語の“Kainos”をラテン語化したもので、「近年の」を意味するのであるから、この言葉は正確には「新ピュタゴラス主義」というよりも、「晩近(ばんきん)ピュタゴラス主義」とでも訳すべきものであろう。

第三章　連続性とアガペー

(1) W5, p. 293.

(2) 以下の議論のもとになるテキストとその妥当性については、次の論文に詳しい分析があり参考になる。Christopher Hookway, *Truth, Rationality, and Pragmatism: Themes from Peirce*, Clarendon Press, 2000,

Ch. 6, "Design and Chance: The Evolution of Peirce's Evolutionary Cosmology".

(3) W4, p. 549.

(4) 前掲『連続性の哲学』二六五頁。

(5) CP8, 317.

(6) W6, p. 209.

(7) CP1, 171–72.

(8) CP1, 163.

(9) E1, p. 353.

(10) E1, p. 362.

(11) パースはしばしば「数学的形而上学」と「宇宙論」を同義語として使う。前掲『連続性の哲学』二七五頁参照。

(12) ここで扱う連続性の問題を論じている主なテキストは、『モニスト』シリーズの「精神の法則」と、『連続性の哲学』である。しかし、パースはこれらのテキスト以降もその理論に満足せず、連続性の分析を深化させていった。その間の事情については、次の論文を参照されたい。Vincent Potter, *Peirce's Philosophical Perspectives*, Fordham University Press, 1996, Ch. 8, "Peirce on Continuity". 一方、この理論の内容にかんするもっとも有益な分析と評価としては、ヒラリー・パトナムによる次の論文がある。Hilary Putnam, "Peirce's Continuum", in Kenneth Laine Ketner, ed., *Peirce and Contemporary Thought*, Fordham University Press, 1995. パトナムは彼自身の数理哲学の構築との関係も深かったロビンソンの超準解析の考えと、パースの理論との類似性を強調している。そしてこの点については、パースの数学諸論文を独力で体系的に集成するという、驚くべき業績を成し遂げたアイスリーにおいても、同様の理解が示されている。Charles San-

ders Peirce, *The New Elements of Mathematics, op. cit.,* vol. 3, p. xff.

(13) カントールの連続性の定義は次のテキストによる。Georg Cantor, *Gesammelte Abhandlungen mathematischen und philosophischen Inhalts,* Berlin, 1932, p. 194. アリストテレスの議論は、『自然学』第四巻一一章(22a10)による。

(14) 前掲『連続性の哲学』一一五頁以下。

(15) 前掲『連続性の哲学』二五六―五七頁。

(16) E1, p. 324.

(17) E1, p. 348.

(18) 観念の連続性にかんする以上のような考えが、盟友ウィリアム・ジェイムズの「純粋経験の連続性」というアイデアとほぼ同じものであることは、ジェイムズ自身が認めている。ジェイムズ『純粋経験の哲学』拙編訳、岩波文庫、二〇〇四年、第六章「変化しつつある実在という考えについて」。ジェイムズはわれわれがここで扱っている論文「精神の法則」を、パースが書いたもののなかでも「最良の論文」だと評したという。Cf. CP6, 182.

(19) E1, p. 313.

(20) E1, p. 324.

(21) E1, p. 347f.

(22) *ibid.*

(23) W2, p. 55. シェイクスピアの引用は『尺には尺を』第二幕第二場から。パースの引用は『モニスト』シリーズの二〇年以上前に書かれた論文「四つの能力の否定からの帰結」から。四つの能力とはデカルト哲学において認められている人間精神の能力であり、パースは哲学的キャリアの初期から反デカルト主義を標榜していた。

(24) パースと量子力学との近親性については、次の二論文を参照されたい(前者は形而上学の観点から、後者は物理学の観点からのもの)。Charles Hartshorne, "Charles Peirce and Quantum Mechanics", *Transactions of the Charles S. Peirce Society*, vol. 9, 1973. David Finkelstein, "The First Flash of the Big Bang: The Evolution of Evolution", in Edward Moore and Richard Robin, eds., *From Time and Chance to Consciousness: Studies in the Metaphysics of Charles Peirce*, Berg, 1994. パースの立場とボームの理論の近親性については、ブレント、前掲書、三六五頁を参照されたい。

(25) パースは agapasm と agapism という二つの言葉を使っているのでまぎらわしいが、前者は進化論にかんする個別的な立場、後者はより一般的な形而上学的視点として理解することができるであろう。同じことは、tychasm と tychism という二つの言葉についてもいえる。

(26) E1, p. 356.

(27) パースのセント・トマス監督教会(ニューヨーク)における神秘的体験については、ブレント、前掲書、三五八頁以下を参照されたい。それは突然の神による召命のような経験であるが、彼はこの経験について、教区牧師のブラウン師に、次のように書き送っている。「私はこれまでいつも教会を愛する気持には非常に強いものがありましたし、キリスト教の本質はそれが何であれ聖なるものであるということを堅く信じてきました。しかしそれでもなお、常識や証明についての私の考えと信条の折りあいをつけることができず、教会に行けば詭弁的になり知的に正直な事柄をもてあそびたくなるようになると考えていました。……しかし今回は教会に入るやいなや、私がここに来ることを主が直接にゆるされているというふうに思えたのです。それでも私は思っていたのです——もっとよく考えてからでないと聖体拝領をしてはいけない。そのようなことをする前には家に戻ってちゃんと心の準備をしなくてはと。でも、その時が来ると、ほとんど自分の意志とは関わりなく、気がついてみると聖餐台のところに来ていたのです。そしてそれでよかったということを私は完全に確信しているのです。……私に授けられた恵みへの感謝の気持を何らかの教会の奉仕活動として表さない理由は、今日私に呼びかけられたことは、死のような十字架を主のために私が担ってゆくべきであり、そうすればそれを担ってゆく力を私にあたえてくださるということが約束されているように思えたからだと申し上げてよいでしょう。きっとそうなると確信しています」。

(28) EI, p. 352f.

(29) Carolyn Eisele, ed., *Historical Perspectives on Peirce's Logic of Science*, Mouton, 1985, vol. 1, p. 168.

(30) 内山勝利編『ソクラテス以前哲学者断片集』第I分冊、岩波書店、一九九六年、九四頁。シュロスのペレキュデスの創成理論のより正確な内容については、次の論文が参考になる。それによれば、彼の理論は通俗的なエロースの二元的はたらきよりも、三元的な原理によるものと理解されるべきであり、「無からの創造」の難点を克服して、三原理の「常在」という議論を提出したところに画期的な特徴があるとされる。月本昭男編『創成神話の研究』リトン、一九九六年所収、西村賀子「古代ギリシアの創成神話」。

(31) Henry James, Sr., *The Secret of Swedenborg*, Fields, Osgood, & Co., 1869, p. 211 (reprinted AMS Press, 1983). スウェーデンボルグの思想全般については次の著作を参考にした。ロビン・ラーセン編『エマヌエル・スウェーデンボルグ——持続するヴィジョン』高橋和夫監訳、春秋社、一九九二年。「解題」には、わが国におけるスウェーデンボルグ思想の受容の概観がなされていて参考になる。とくに、内村鑑三とともに鈴木大拙によるこの思想の紹介の件は、本書が扱っている文脈から見ても興味ぶかい。大拙はアメリカに渡って『モニスト』の編集者ケイラスの助手を勤めたあと、ロンドンのスウェーデンボルグ協会に参加し、『天界と地獄』の翻訳に始まって、『スエデンボルグ』『神智と神愛』『新エルサレムとその教説』などの一連の著書を日本で出版している。また、Signe Toksvig, *Emanuel Swedenborg: Scientist and Mystic*, Yale Univer-

sity Press, 1948 によれば、スウェーデンボルグの新プラトン主義の源泉は、科学者としてしばしば訪れたイギリスで接したケンブリッジ・プラトニストたちの著作にあるとされている。

他方、ジェイムズ父の哲学思想については、次の研究を参考にした。Frederic Harold Young, *The Philosophy of Henry James, Sr.*, Bookman Associates, 1951. この書物のジャケット・カバーには、ラルフ・バートン・ペリーやチャールズ・ハーツホーンなど、ジェイムズやパースの代表的な研究者による賛辞が数篇寄せられているが、これらの文章に混じって湯川秀樹が次のような文章を寄せているので、参考までに引用しておく(肩書きはノーベル物理学賞受賞者、コロンビア大学物理学教授)。「私はヤング博士の近著を読んで、ヘンリー・ジェイムズ・シニアがきわめて深い思想家であり、二人の非常に著名なアメリカ人の父として真にふさわしい人物であったことを学んだが、これは予期せざる喜びであった。科学者のなかにも科学のもつさまざまな限界について非常に強く意識させられている者は多いが、私はそうした科学者の一人として、とくに「感覚、科学、哲学」にたいするジェイムズの態度について、著者が明快な説明を与えている点に、強い感銘を受けたのである」。

(32) W2, p. 434f. パースは後年になっても、自分が「倫理その他の問題について利益をえたのは、ヘンリー・ジェイムズ(父)の三冊、『実体と影』『スウェーデンボルグの秘密』『精神的創造』をじっくりと読むことによってであった。……わたしはこれらが含む内容の多くによって非常に啓発された」と述べている。Cf. E2, p. 460.

(33) E1, p. 297.

第四章　誕生の時

(1) 『ボードレール全集』(I)阿部良雄訳、筑摩書房、一九八三年、二一一―二一二頁。

(2) 前掲『連続性の哲学』二四二―四五頁。

(3) 九鬼周造の次の文章には、おそらくはボードレールの影響のもとにであろうが、視覚以外の感覚、とくに嗅覚の世界が導いていく原初の偶然性と可能性の世界というパース的なモチーフが、まったく同じような創造論的パースペクティヴのもとで記されていて興味深い。「ほのかな音への憧憬は今の私からも去らない。私は今は偶然性の誕生の音を聞こうとしている。……私は秋になってしめやかな日に庭の木犀の匂を書斎の窓で嗅ぐのを好むようになった。私はただひとりでしみじみと嗅ぐ。そうすると私は遠い遠いところへ運ばれてしまう。私が生れたよりももっと遠いところへ。そこではまだ可能が可能のままであったところへ」(「音と匂――偶然性の音と可能性の匂」『九鬼周造全集』第五巻、岩波書店、一九八一年、一六七―六八頁)。小浜善信『九鬼周造の世界――漂泊の魂』昭和堂、二〇〇六年参照。

(4) W6, p. 209.

(5) *ibid.*

(6) 正確には「マルチヴァース」という表現はパースの言葉ではなく、友人のジェイムズの用語である。ジェイムズはその純粋経験からなる世界観、すなわち「根本的経験論」の哲学を、個々の意識のシステムをひとつひとつの宇宙と見る多宇宙的世界観であるとしている。彼の「多元的宇宙(pluralistic universe)」の思想は、この多宇宙論の形而上学的展開である(ジェイムズ、前掲書、二一七頁参照)。彼はまたこれがドイツの科学者・神秘思想家フェヒナーの思想と類縁性があるものとして、フェヒナーの神概念を有限的存在者と見る見方を提示しているが、パースは多元論を神学的テーマにまで拡張することには反対している。彼はこの点ではむしろジェイムズ父の説の方が正しい、とこの友人に書いている(Cf. CP8, 262f)。

(7) 一九世紀後半におけるさまざまなカント批判を通じた宇宙時間の有限説の興隆と、それらがニーチェに与えた影響については、チャペックによる次の研究が参考になる。Milič Čapek, "The Theory of Eternal Recurrence in Modern Philosophy of Science", *Journal of Philosophy*, 57, 1960. Čapek, "Eternal Return", in

Paul Edwards, ed., *The Encyclopedia of Philosophy*, vol. 3, Macmillan, 1967.

(8) ジョージア工科大学の理論物理学者フィンケルスタインは、パースの宇宙創成論について次のように書いている。「宇宙の始まりとなる量子論的出来事は、パースの名誉を記念して「最初の閃光」と呼ばれるのが適当である。……彼の最初の閃光の考えはそのラディカルさについていえば、一九七三年のタイロンの量子論的ゆらぎの説よりも勝っているが、七三年のフィーラーの先幾何学説や同じく七三年のミズナー、ソーン、フィーラーの説よりは劣っている」。Finkelstein, *op. cit.*, p. 105.

(9) 現代宇宙論を解説した著作は膨大な数にのぼるので、ここでは次の参考書のみを挙げておく。Peter Coles, ed., *The Routledge Critical Dictionary of the New Cosmology*, Routledge, 1999. ビレンキンの代表的な論文は次のものである。Alexander Vilenkin, "Boundary Conditions in Quantum Cosmology", *Physical Review*, 33, 1986.

(10) Charles Peirce, *Photometric Research*, Wilhelm Engelmann (Leibzig), 1878 (reprinted W3, Ch. 69). このドイツで出版された天文学の研究報告書は、パースの科学方法論の実際を示す点でも重要である。

(11) 前掲『連続性の哲学』二五五―五七頁。

(12) Cf. Jurgen Habermas, "Dialektischer Idealismus im Übergang zum Materialismus: Geschichtsphilosophische Folgerungen aus Schellings Idee einer Contraction Gottes", in *Theorie und Praxis*, Hermann Luchterhand, 1967, p. 120f (J・ハーバマス『理論と実践』細谷貞雄訳、未来社、一九七五年、第四章)。「縮減」「縮約」やこれに類する概念をめぐる考察は、この書以外にも、ジル・ドゥルーズの一連の著作、とくに『襞――ライプニッツとバロック』宇野邦一訳、河出書房新社、一九九八年や、坂部恵『ヨーロッパ精神史入門――カロリング・ルネサンスの残光』岩波書店、一九九七年などで広い観点からなされており、この概念が現代の哲学的関心と深いところで結びついていることをうかがわせている。

(13) パースにおけるスコラ哲学の受容、とくにスコトゥス哲学の理解と援用の詳細については、次の研究がもっとも詳しい。John Boler, *Charles Peirce and Scholastic Realism: A Study of Peirce's Relation to John Duns Scotus*, University of Washington Press, 1963.

(14) ここでの縮減という特定のテーマ以前に、そもそもパースの第一性については、「自由、偶然、潜在性」というメルクマールの奇妙な混合など、存在論的カテゴリーとしての整合性、有意味性が問題になるべきであるが、次の論文はこのカテゴリーとアリストテレスの「質料」概念との関係、さらに量子論の基本的存在論との類似性について詳しく論じており参考になる。Demetra Sfendoni-Mentzou, "The Role of Potentiality in Peirce's Tychism and in Contemporary Discussions in Quantum Mechanics and Microphysics", in Edward Moore, ed., *Charles S. Peirce and the Philosophy of Science*, University of Alabama Press, 1993.

(15) CP2, 357.

(16) 前掲『連続性の哲学』一七〇頁。

(17) 論理にかんする「様相説(modal theory of logic)」は、パトナムによって一九六〇年代に(パースとは独立に)創案され、パーソンズによってさらに発展させられた。Cf. Hilary Putnam, "Logic without Foundations", in *Philosophical Papers*, vol. 1, Cambridge University Press, 1975. Charles Parsons, *Mathematics in Philosophy*, Cornell University Press, 1983. これらの現代の数理哲学の思想とパースの理論との類似性についての説明は、第三章の注(12)で挙げたパトナムによるパースの連続性の解説に含まれている。

(18) 前掲『連続性の哲学』二四六頁。

(19) CP6, 219f. これは『連続性の哲学』の下書きとなった断片の一部である。

(20) 本章の注(8)に挙げたフィンケルスタインは、次のようにも書いている。「パースはノストラダムスに似たところがあるというべきかもしれない。つまり、出来事が起きてから彼の予言を解釈するほうが容易であるということである。とはいえこの点を差し引いても、彼が現代の物理的宇宙論のもっとも驚くべき側面のいくつかを、想像に富んだしかたで予見したという事実は明らかである。とくに彼は客観的対象、とりわけ客観的連続体にかんしては、時空理論と量子との総合という、今日の物理学のもっとも中心的な問題に挑んだのである」。Finkelstein, *op. cit.*, p. 108.

エピローグ

(1) Joel Porte, ed., *Emerson in His Journals*, Harvard University Press, 1982, p. 34.

(2) 第三章の注(27)で触れたパースの神秘的体験を参照されたい。

(3) この連続論文と関連テキストは、CP4, 585f、および Charles Sanders Peirce, *The New Elements of Mathematics*, *op. cit.*, vol. 3, p. 557ff にある。

(4) モジュラー算術にもとづく素因数分解の問題から、ショアのアルゴリズムによる量子暗号へと広がる現代暗号論の展開については、多くの解説がある。次のものはその一部である。西野哲朗『量子コンピュータと量子暗号』岩波書店、二〇〇二年、ジョージ・ジョンソン『量子コンピュータとは何か』水谷淳訳、早川書房、二〇〇四年、一松信『暗号の数理』改訂新版、講談社ブルーバックス、二〇〇五年。

(5) ミルトン『失楽園』(上)平井正穂訳、岩波文庫、一九八一年、二五五頁。

■岩波オンデマンドブックス■

パースの宇宙論

2006年9月8日　第1刷発行
2025年5月9日　オンデマンド版発行

著　者　伊藤邦武（いとうくにたけ）

発行者　坂本政謙

発行所　株式会社　岩波書店
〒101-8002 東京都千代田区一ツ橋 2-5-5
電話案内 03-5210-4000
https://www.iwanami.co.jp/

印刷／製本・法令印刷

ISBN 978-4-00-731554-1　　Printed in Japan